蕭若元說

讀懂李嘉誠一生

蕭若元◎著

目錄

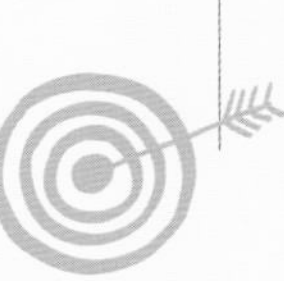

前言

蕭若元說：讀懂李嘉誠一生

為何我要出書談論李嘉誠？因為我認為在中國五千年歷史上[1]，以經商來說，李嘉誠是古往今來中國第一生意人！而以世界頂級商人的層次來說，李嘉誠屬於一流末，二流頭（我會在結章作詳細解說），雖然不是頂尖中的頂尖，但其他中國人已難望其項背了。他是商業天才中的天才，眼光和視野一流，魄力遠超常人，組織力和行動力極高，政治觸覺敏銳無匹，在很長一段時間內權傾朝野。香港黃金年代孕育了李嘉誠，李嘉誠也參與打造了香港已逝的繁榮盛世。一個這麼重要的人物，我怎能不大書一筆呢？

1 如果將黃帝時代計算在內，中國便有五千年歷史，但真正開始有文字記載的朝代為商朝。由商朝計算到現在，中國歷史總共有大約三千六百年。

90年代，我曾於和黃集團旗下的新城電台主持節目《平息你的風波》，當時拍檔是吳明林。

當然，坊間已有不少描述李嘉誠生平事跡的書。我這本書的用意不是鉅細無遺地回顧李嘉誠的生平事跡，事實上我既不是李嘉誠本人，亦非他的家人，也不是他的密友或緊密的生意拍檔，怎麼可能做到這點？我只是擷取李嘉誠一生一些重要的事跡去説説，最重要是加入個人的看法和評論，並就箇中某些事情作出推敲，希望帶給讀者更多評論李嘉誠的角度而已。

在進入正文之前，首先我作出利益申報。八十至九十年代，我和我大家姐蕭若慈經營友聯建材和友暉雲石，專門做瓷磚和雲石生意。我們跟不同的地產商合作，第一大客戶是新鴻基地產，彼此的關係最緊密；其次便是長江實業。李嘉誠當然不會親自出面，不過我知道他會檢視瓷磚和雲石的品質，一直沒有出現問題，從沒有試過被他刻意刁難。因此，在跟長江實業做生意方面，我對李嘉誠的印象不錯。

九十年代，我在新城電台和吳明林一起主持《平息你的風波》。新城電台屬於當時的和黃集團，我和其他同事曾兩次獲邀與李嘉誠吃飯，席間大家聊天，沒有甚麼特別。後來有一天，我在自己公司的辦公室接到某人的來電，叫我在節目發表言論時稍稍收斂，不要那麼反政府。我相信這是李嘉誠的意思，便決定辭職，不再主持新城的節目。每個人立場不同，我不會因此對李嘉誠有反感或敵意。我在這本書的評論也是基於我所知道或所看到的資料，沒有私人恩怨成分。

第一章

李嘉誠如何富可敵國？

二零零一年，《亞洲華爾街日報》(The Wall Street Journal Asia) 選出過去一千年來全球最富有的五十人。當時李嘉誠如日中天，但竟然沒有上榜，實在令我大感驚訝。上榜的中國人有六位，分別是成吉思汗、忽必烈、劉瑾、和珅、伍秉鑒和宋子文。我便想：李嘉誠在中國富豪史的地位究竟如何？不如就跟榜上有名的人比較一下。其中，成吉思汗是大蒙古國的統治者，後來忽必烈繼承汗位，並建立大元[2]，根本整個帝國的財產都是他們的，跟他們比沒意思，所以我將這二人撇除在外。劉瑾是明朝正德時的大太監，更有人認為他是當時的世界首富。不過我看過資料，他的財產跟清朝大貪官和珅的等級實在相差太遠，因此我也把他剔除在外。餘下的有

清代首富伍秉鑒。根據學者估計，他擁有的財產約相當於今天的五十億美元，在當時來說的確相當富有。

2 忽必烈在位時，欽察汗國、察合台汗國、窩闊台汗國先後各自為政，拒絕承認忽必烈為大蒙古國大汗，因此忽必烈可說只是名義上的大蒙古國大汗。

和珅、伍秉鑒和宋子文，這三人的財富，跟李嘉誠的相比如何呢？

先看看和珅。他是乾隆的寵臣兼大臣，被稱為清朝第一大貪官。乾隆死後，嘉慶繼位，下旨將和珅革職、下獄兼抄家，最後更賜自盡，四部曲一應俱全。抄家時，和珅的家財數目終於真相大白，有人說是二千多萬兩，有人說是二億兩，包括現金、土地、商店、珍寶、古玩和名貴衣服等[3]。我相信正確的數字應該是二千多萬兩，即是現在的多少錢呢？如果用當時跟現在的米價比較，大約是一比二百多，即是和珅有四、五十億。假如用衣服的價錢比較又如何？現時的衣服除非是名牌出品，否則不值錢，但以前不是這樣。我小時候在豐昌順做一套校服要三、四十元，當時一碗雲吞麵只要兩毛錢。清朝時的衣服更貴，因為全部用人手製作。以衣服計算，和珅大約有一百幾十億身家。你可能會問：甚麼？原來和珅只有這麼點兒錢？的確是這樣。

看看另一位上榜的人物伍秉鑒，生於清乾隆中期，是廣州十三行（行商）[4]的首領、怡和洋行的掌舵人，甚至投資美國鐵路、銀行和保險業，乃上榜六人中唯一一位純商人，在外資口中名聲非常好，有當時「世界首富」之稱。伍秉鑒有多少錢呢？當時有一位美國商人亨特（William Hunter），自小在廣州生活和工作，在一八四四年後寫了《廣州番鬼錄：舊中國雜記》（"The Fan Kwae at Canton Before Treaty Days 1825-1844"）一書，書中提及道：「伍浩官（即伍秉鑒）

3 根據《清史稿》記載，和珅的家產包括「楠木房屋……仿照寧壽宮制度，園寓點綴與圓明園蓬島、瑤臺無異」、「薊州墳塋設享殿，置隧道，居民稱和陵」、「珍珠手串二百餘」、「整塊大寶石不計其數」、「藏銀、衣服數逾千萬」、「夾墻藏金二萬六千餘兩，私庫藏金六千餘兩，地窖埋銀三百餘萬兩」、「通州、薊州當鋪、錢店貲本十餘萬」等。

4 明、清兩朝關於廣州對外貿易特區內的牙行的稱呼。其實有很多家，「十三行」是形容最興盛的十三家。

當時廣州港口的外貌。

究竟有多少錢，是大家常常辯論的題目。」

「一八三四年，有一次，浩官對他的各種田產、房屋、店鋪、銀號及運往英美的貨物等財產估計了一下，共約二千六百萬元。」這個「元」字包括美元、白銀和墨西哥鷹洋三種貨幣。根據學者估計，當時這筆錢相當於今天的五十億美元，即大約三百九十億，在當時來說的確非常富有，算得上是頂尖富豪。

哈同（Silas Aaron Hardoon，1851年－1931年6月19日）是19世紀末、20世紀初中國上海的一位猶太裔房地產大亨。

可是，中國數千年來都是實行皇帝制度，官位品級和權力才是一切，如果一個人太有錢，一定會引起朝廷的注意，被認定對權力階級構成威脅。老實說，這也不無道理，例如日本江戶幕府中後期，幕府和諸侯（即幕府之下的大名5）要向一些極富有的大阪商人借錢維持統治，便反過來受到商人的控制，當時甚至有「大阪商人一怒，天下諸侯皆驚」的説法。因此，中國歷朝歷代誰太富有，統治階級便會出手對付，使出千萬種方法讓那人變窮，甚至喪身。伍秉鑒也是這樣。清廷在第一次鴉片戰爭戰敗後，取消十三行的外貿特權。伍秉鑒失去生意命脈，還要獨自承擔清廷一百萬銀元的外債，之後更多次被清廷壓榨，終於在屈辱之中去世。實在富人有的是錢，但統治階級有的是權力，如何能鬥？

最後還有宋子文。這位先後擔任國民政府財政部長和行政院院長的人物上榜，簡直是笑話。宋子文在美國逝世，根據美國紐約遺產法庭的資料，他只有一千多萬美元的遺產，完全與「富豪」二字沾不上邊。坊間關

80年代的葵涌碼頭。

5 大名即較大地域的領主。

於宋子文貪污的傳聞一度傳得沸沸揚揚，但根本查無實據，是日本政府和中國共產黨捏造的政治指控，目的是打擊國民政府的名聲。

由此可見，以財富來說，和珅及宋子文不入流，真正稱得上有錢的只有伍秉鑑。另外我想說說一位世界級頂尖富豪，雖然他不是中國人，但在中國致富，名叫哈同（Silas Aaron Hardoon）。哈同是猶太人，二十多歲時隻身去到上海闖天下，創立哈同洋行，專攻房地產。他購買了南京路百分之四十四的地產，後來南京路成為上海非常貴重的地段，哈同等於擁有現在香港幾乎一半的德輔道中或皇后大道東，真是不得了！他在上海興建了最大的私人花園愛儷園，建築格局模仿《紅樓夢》內的大觀園，園內有倉聖明智大學，提供小學、中學和大學教育，更設有女校。學校包辦學生的學費、住宿費、膳食費和雜費，夠慷慨了吧？這還不止，哈同夫婦沒有子女，總共收養了二十名中外孤兒。哈同在一九三一年死，遺產高達一億七千萬，以現在來說大約是五百億港元。在中國近代史上，我想沒人比哈同更富有。

那麼，李嘉誠的身家有多少呢？二零一八年，李嘉誠在《福布斯》全球富豪榜排第二十三位，淨資產為三百四十九億美元；二零二零年則排第三十五位，淨資產為二百一十七億美元。這些都是表面的數字。李嘉誠早在二零一二年表明已將財產分配妥當，便是分成三份，一份為長和系商業王國，交給李澤鉅；一份為巨額現金，送給李澤楷；最後一份則在李嘉誠基金會，是李嘉誠退休後主力打理的，用來做善事。我想李嘉誠在全盛時期，實際財產超過五千億港元。伍秉鑒和哈同的身家跟他比起來，完全是「蚊髀同牛髀」，沒得比。

其實不論古今中國，李嘉誠都是做生意的第一人。為甚麼我這樣說？首先，從來沒有一個中國商人可以像李嘉誠般在海外擁有這麼多生意。他在二零一八年五月退休，我用二零一八年的數字說說吧。單以零售來說，屈臣氏集團包括屈臣氏、百佳超級市場和豐澤等，二零一八年已在全世界開設了接近一萬五千間分店，遍布亞洲和歐洲二十四個市場，包括香港、中國大陸、泰國、菲律賓、新加坡、英國、德國、土耳其、波蘭和匈牙利等，利潤超過一百三十億[6]。試想想管理如何困難？我未移民台灣前，曾經在香港經營人民超市，只有三間分店，每一間分店的面積跟屈臣氏集團的零售店沒法相比，已經覺得頗麻煩，現在百分百交給我的幼妹打理。我則在台灣開了一間人民超市分店，管理比較方便，不用耗費那麼多心力。我真不知道李嘉誠是如何管理屈臣氏集團的，而且集團旗下那些商店不是特許經營，全是直屬分店，不得不說他的管理能力實在超乎常人。

其次，李嘉誠的商業帝國十分龐大，涉及不同範疇的業務。除了以上提及的零售，以及令他暴富的地產之外（我會在後文詳細解說），尚有四大支柱產業：

6 見長江和記集團《2018年年報》。利潤指除稅前盈利。

一是貨櫃碼頭。李嘉誠曾經在全球二十六個國家擁有五十二個港口、二百八十七個泊位，遍及香港、中國大陸、阿聯酋、印度、英國、荷蘭、西班牙、澳洲、巴拿馬、墨西哥、埃及……全球五大洲都有他的碼頭，吞吐量驚人，每年收益超過三百億港元。

二是電訊業務。李嘉誠在亞洲和歐洲多處地方都投資電訊，曾因「賣橙」而大賺，但在3G損失慘重（可參閱第九章〈李嘉誠的眼光與運氣〉），一來一回，雖然有點白白折騰，但無論如何，電訊是他其中一項主要業務。

三是能源。李嘉誠在一九八六年透過家族公司及和黃收購加拿大赫斯基能源（Husky Energy Inc）百分之五十二的股權。到了一九九一年，李嘉誠再購入赫斯基能源超過百分之四十的股權。將這些收購價加起來，李嘉誠總共花了約四十九億。二零零零年赫斯基能源在加拿大上市，李嘉誠沽掉部分股權，獲利六十五億，早已超過當年收購的所有支出；何況國際油價一度高企，曾在二零零八年高達一百四十五美元，令赫斯基能源的身價水漲船高，由二零零七至二零一八年為李嘉誠及長和帶來約七百億利潤，兼每年貢獻數十億股息。縱使過去兩年國際油價表現不濟，令長和錄得近百億虧損；赫斯基能源的股價也由二零零八年最高峰的超過五十加元，暴跌至現在（二零二零年十月）三加元多，股價在十二年間蒸發超過百分之九十，但李嘉誠及長和已賺了很多錢。二零二零年十月，李嘉誠及長和向 Cenovus Energy Inc 出售部分赫斯基能源的股權，減持至只得百分之二十七，只是淡出而已，而不是止血。

四是基建。李嘉誠一向喜歡投資基建業，我想是因為他喜歡基建能夠為他帶來穩定的收入和現金流。李嘉誠的基建業務包括能源、交通及水處理、廢物管理等，業務遍布四大洲，包括香港、英國、法國、荷蘭、澳洲、新西蘭、美國和加拿大等。

另外，李嘉誠在二零零六年創立了風險投資公司維港投資（Horizons Ventures），主要投資數據應用和創新科技等行業，例如二零零七年投資 Facebook、二零一三年投資 Zoom、二零一四年投資人造肉等。數據應用和創新科技是未來大勢所趨，也可視為李嘉誠的另一大產業。

李嘉誠就是這樣的一個生意人，投資涉足不同的範疇和地方，跟全世界人們的日常生活息息相關。我未見過有一個中國人可以像他般縱橫世界市場，有這麼大的魄力去做如許大的生意，因此我說他是古往今來中國第一生意人。

第二章

李氏家世

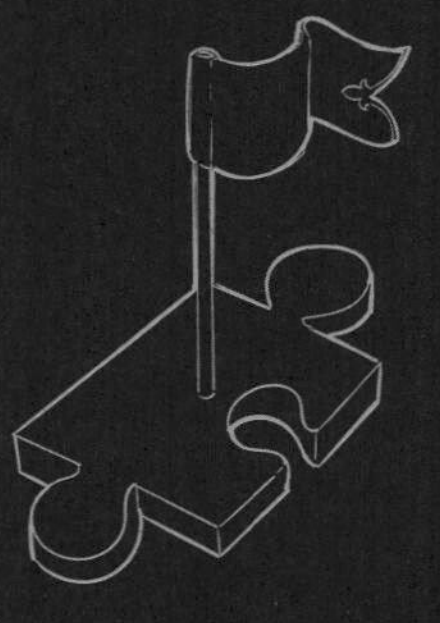

一、「李」姓的由來

「李」是中國的大姓。由古迄今，著名的李姓人物不少，如李牧、李廣、李世民、李淳風、李白、李清照、李時珍、李鴻章、李大釗、李宗仁、李小龍、李敖……當然少不得李嘉誠。

「李」這個姓氏從何而來？主要有兩個說法：

第一，源自「理」姓。《姓氏考略》[7]云：「理、李古字通。」相傳自堯開始已設有「大理」一職，專門掌管刑法，由皋陶出任。結果，自堯至商，都由皋陶的後代擔任此職，所以皋陶後裔索性用官名「理」字作為姓氏。到紂王時，理徵擔任「大理」，他看不過紂王的所作所為，直接指出紂王的錯誤。暴君之所以被稱為暴君，當然十分凶殘；勸諫暴君哪有好下場？結果理徵被紂王所殺，一命嗚呼。理徵的妻子契和氏收到消息後，心想紂王哪天興致來了，必然連理徵的家人也一併殺害，於是匆匆帶著兒子理利貞逃走。兩母子逃到河南西部伊河流域的

[7] 清朝陳廷煒著，是專門考究姓氏的書。

伊侯之墟時，又累又餓，但四周又沒有食物，怎麼辦呢？兩母子左看右看，終於看見樹上有一些紅色果實，一試之下酸酸甜甜，味道不錯，又可解渴，此後很長一段時間便靠吃這些果實度日，保全性命，並從當地人口中知道這些果實叫做「李子」。最終兩母子逃到苦縣（今河南鹿邑縣）定居。兩母子為了避難，以及感謝李子的救命之恩，便改「理」姓為「李」。其他地方姓「理」的人後來都改為姓李，子孫昌茂，於是李姓便逐漸成為大姓了。

第二，源自「老」姓。最著名的姓「老」的人，當然是道家始祖老子。我小時候讀書，看見老子的名字叫老聃，又叫李耳，相差這麼遠，便覺得十分奇怪。根據學者高亨等的考證，老子的名字是老聃才對。先秦諸子如孔子、墨子等人，都是用姓氏加子字作為尊稱——孔子姓孔名丘，墨子姓墨名翟。老子姓老才叫老子，若叫李耳，應被稱為李子。高亨又從音韻學考證，指出古時「老」和「李」兩個音相近，後來「老」姓變為「李」姓，是音轉的結果。何況，春秋時代無李姓，即是春秋及以前沒人姓李，到了戰國時代才有李悝和李牧等人，可見「李」這個姓氏起源較晚。我認為這個說法有論有據，考證嚴謹，值得相信。

二、李嘉誠的祖先曾經造反？

李姓有十三郡望[8]，最厲害是隴西李氏[9]。除十三郡望外，還有無數地方的李氏族人。根據夏萍所著的《李嘉誠傳》，李嘉誠的一世祖是李明山，從福建莆田遷至潮州府海陽縣（今潮州市），定居於潮州城內北門麵線巷，傳至李嘉誠這一輩，正好是第十世。一九九三年八月十八日，《福建日報》頭版頭條報道李嘉誠對時任福建省委書記陳光毅說：「我們祖先有幾代在福建莆田居住生活過，我可以說是半個福建人。」原因便在於此。

根據《李氏家譜》，李明山的父親叫李牟，即是李嘉誠的第十一世祖，文武雙修，在陝西和山西教授拳術，可見武功非常了得，後來不知為甚麼跑去加入李自成軍隊，擔任將領，幫李自成造反，誰知到頭來反而被李自成殺死了。祖先曾經造反，十一世孫成為華人首富，人的命運和際遇真是充滿變幻。

三、潮州特色

李嘉誠是潮州人。潮州人分為「廣義潮州人」和「非廣義潮州人」，前者包括海陸豐人（即福佬人，又叫鶴佬人）及潮汕地區的客家人，後者則不包括他們。潮州地理位置瀕海，不少潮州菜式用海鮮做材料，例如清蒸烏頭、凍蟹、炸蝦丸和蠔餅等，非常著名，說起也流口水。不過，潮州土地貧瘠，所以潮州人自小習

8 即一個地方的名門望族。

9 唐代《姓氏譜》云：「李氏凡十三望，以隴西為第一。」

慣節儉，刻苦耐勞也是出了名的。為了維持及改善生計，潮州人敢於向外闖，飄洋過海，海外潮州華僑接近二千萬，不少集中在泰國、新加坡和印尼等地，其中尤以泰國為最。據不完整的統計，當地潮州人人口大約有五百萬至八百萬，比一些國家的人口總和還多！香港的潮州人人口亦達一百多萬，勢力龐大。

當年我在麗的電視創作懷舊劇《浮生六劫》，其中有一場戲提到潮州人在香港的三大企業是甚麼？便是拉黃包車、賣魚蛋粉和賣白粉！為甚麼潮州人可以靠賣白粉起家？因為很多身在泰國的潮州人掌握了白粉的來源；在香港的潮州人向「家己人」取貨容易，自然壟斷了香港的白粉市場。

當然，很多在香港發跡的潮州人都是身家清白，例如中巴創辦人顏成坤，官至立法局首席非官守成員，是早一輩在港潮州人的龍頭；另外有廖創興銀行創辦人廖寶珊；鷹君集團創辦人羅鷹石；接著當然是李嘉誠。這些潮州人都是富商巨賈，有著潮州人精明、勤奮和果敢的個性，加上種種因素，所以能夠這麼成功。

10 清代選取貢生的制度，由各省學臣於通省生員內進行考試，選拔學問及品行兼優者送入國子監。自乾隆七年開始，每十二年選拔一次。

四、李嘉誠出身如何貧窮？

大家都知道李嘉誠是窮小子變身首富，但李嘉誠小時候到底窮到甚麼地步呢？不妨先回顧一下李嘉誠的家族出身。

李嘉誠的曾祖父叫李鵬萬，是讀書人，曾經是清末拔貢[10]之一，家門前插了貢旗，在鄉里間地位尊崇，十分威風。李嘉誠的祖父是李曉帆，中過秀才。那個時候讀書人沒有高中，當上大官，不會有甚麼錢，所以李曉帆是清貧的，不過也不至於太貧窮，否則連書也唸不起，早就要下田耕種，或者工作謀生了。

李嘉誠的兩位伯父叫李雲章和李雲梯，很有讀書天分，先後用公費去了日本留學。李雲章在京東早稻田大學唸商科，李雲梯則唸師範。李雲梯留學時需要做兼職、寫稿賺取稿費等維持開銷。二人畢業後，都回國擔任教師。

李嘉誠的父親叫李雲經，讀書成績很好。雖然李曉帆死後，家中生活困難，但李雲經仍咬緊牙關讀書，在省立金山中學考獲第一名畢業。本來李雲經可以升上大學，不過實在沒錢唸下去，而且還要照顧母親和弟弟，所以他去了蓮陽懋德學校做教師。那時做教師薪水不高，因此後來李雲經辭掉工作，跑去印尼爪哇一間潮州商人開的公司做店員，之後回國做銀莊的司庫和出納。銀莊倒閉後，李雲經重操故業，執起教鞭，一九三五年當上庵埠宏安小學校長，一九三七年轉任庵埠郭隴小學校長。

這時李雲經早已娶了妻子莊碧琴，在一九二八年七月二十九日（農曆六月十三日）誕下李嘉誠，之後誕下次子李嘉昭、三子李嘉宣，以及幼女李素娟。我覺得李雲經刻苦成材，奉行孝悌，照顧家庭，很有傳統中國讀書人的美德，頗值得尊重。

李嘉誠七歲時，也進入了宏安小學唸書，父子天天在學校見面，又住在學校後面的一所茅屋中，一切看來頗為美好。不過，李雲經做校長，雖然工作穩定，賺錢是很辛苦的。李嘉誠曾在紀錄片《知識改變命運》中說：「我七、八歲時，有一晚很凍，半夜醒來，見爸爸一絲不苟地改卷。我沒有打擾他，但心裡留下很深刻印象。我覺得當時中國的老師、知識分子，都是付出很多，收入很少。」另外，他也說過自己一生最尊重的人便是他的父親，家鄉的人也很敬重他父親。我相信李雲經養家艱苦，但他是一個負責任的校長，重視教育，不會敷衍了事。

不過這個世界總是人算不如天算，日本侵華，攻陷了北平和天津，再被蔣介石引誘南下，攻打上海和南京，此時蔣介石已去了武漢。日軍想，怎樣才能制國民政府於死地呢？便是展開南線攻勢，攻打廣東沿岸，直取廣州，封鎖中國海岸線，切斷中國對外運輸之路，令中國完全沒有補給，到時國民政府還不乖乖投降？日軍浩浩蕩蕩殺向南方，轟炸汕頭。那時李雲經已轉任庵埠郭壟小學校長，李嘉誠也隨父親轉到這所小學唸書。李雲經很擔心如果日軍長驅直進，殺進潮州市，小學倒閉，怎麼辦？通常人擔心的事總會發生，李雲經也不例外。日軍攻下汕頭，再佔領潮州市，宏安小學關門，李雲經失業了。正是上有高堂，下有妻房，一家老少，惶惶不可終日，後來李雲經母親更因驚嚇逝世。李雲經努力尋找工作，但戰亂之際，百無一用是書生，過了一整年也沒有著落。李雲經雖然有讀書人的一身風骨，但眼見積蓄越來越少，再這樣下去實在不是辦法；伯父李雲章及李雲梯又在他鄉執教，兵荒馬亂，難以聯繫，便和莊碧琴商量，決定舉家遷往香港，投靠妻子的弟弟莊靜庵。當時是一九四零年，李嘉誠十二歲。

由此可見，李嘉誠出身讀書人之家，家境不算充裕，日軍侵華後更艱難，倉惶出走。如果李家不是窮途末路，怎會想離鄉別井，投靠親戚？李嘉誠去香港時，實在是一名不折不扣的窮小子，不名一文。

第三章

李嘉誠和舅父莊靜庵的恩怨

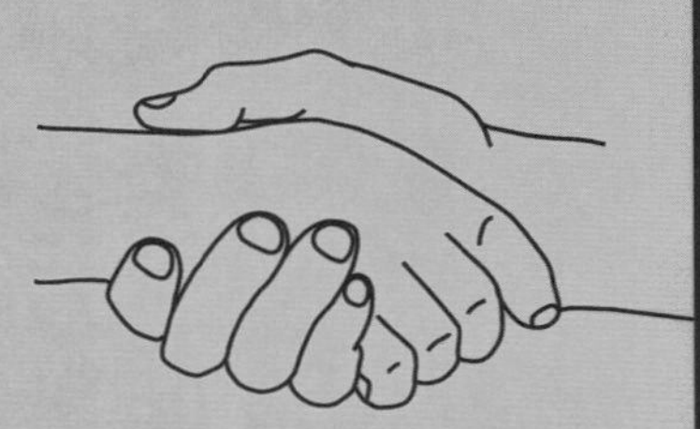

一、南下投靠莊靜庵

為甚麼李雲經決定投靠莊靜庵呢？當人窮途末路，需要別人幫助時，首先當然是細想誰有能力做及時雨，不然難道找一個跟自己一樣捉襟見肘的人？當時李雲經從任何方面考慮，莊靜庵都是最好的及時雨。

莊靜庵在潮州唸完小學後，便出外謀求發展，先後在廣州當過銀號的學徒和經理，又做過貿易，然後帶著一百元到香港闖天下。他和妻子在家中開設工場，生產皮錶帶和布錶帶，然後到錶店推銷，生意非常成功，賺了不少錢，更剛剛成立了後來非常有名的中南鐘錶公司，當時莊靜庵只有三十多歲。那時在香港做生意的潮州人大多經營米舖、醬園和雜貨店等，而鐘錶是高檔商品，可想而知莊靜庵有多出眾。如果問當時在港的潮州人，都會知道有莊靜庵這一號人物，年輕有為。李雲經思慮再三，覺得他有能力，亦有財力，又是自己的小舅子，投靠他最好不過。

有些書說莊碧琴為怕傷了李雲經的自尊，所以事前與李雲經商量遷往香港時，沒有告訴丈夫要去投靠莊靜庵。我對此完全不相信，原因是當時李雲經窮得要命，加上從未到過香港，怎會想扶兒攜幼南下再算，一點安排也沒有？加上他不可能不知道莊靜庵在香港居住，因此舉家投靠莊靜庵是必然的事。

中南鐘錶公司的產品。

莊靜庵對姐夫一家六口投靠自己，又有甚麼反應？不同的李嘉誠傳記和有關資料的記錄有出入，有些說莊靜庵將中南鐘錶公司的貨倉佈置妥當，讓他們暫時居住；有些則說莊靜庵在家中闢出房間……總之就是讓姐夫一家暫時安頓下來，又設宴為他們洗塵。潮州人團結，內地戰火連天，來投靠的又是姐夫和姐姐一家，莊靜庵一定歡迎他們到來。不過，莊靜庵明知李雲經需要工作掙錢，也沒有邀請他到自己的鐘錶公司和山寨廠工作，讓李雲經自己出去找，後來見李雲經處處碰壁，才委託朋友在一家商行找了份記帳的工作給他做；還有為李雲經一家在九龍租借了一間房子居住，不再住在自己的地方。

二、李嘉誠喪父

李雲經的薪水不高，莊碧琴會盡量幫人縫補和清洗衣服賺錢，養活一家六口。偏偏李家來香港只有短短一年，日軍便連香港也侵佔了，全香港都沒好日子過。由於實在太窮困，莊碧琴帶其他子女回鄉居住，只有李雲經和李嘉誠留在香港。當時李嘉誠在香港唸初中。

李雲經是讀書人出身，讀書人其中一個特點是甚麼呢？便是家事、國事、天下事，事事關心。李雲經家庭生活困頓，國家蒙難，天下又正值第二次大戰，無論身心都勞累困擾，加上長期營養不足，結果染了肺結核病（肺癆）。當時醫療水準和條件落後，肺癆等於死症。不知道李雲經是不是心想反正難逃一死，千萬不要浪費金錢看醫生，所以他不進醫院，將錢省下來給李嘉誠交學費。莊靜庵知道李雲經病倒後，跑去強行將他送院。李雲經病得奄奄一息，無力反抗，但他被住院時，仍然偷偷將藥錢留下來，準備讓李嘉誠交學費。

當時李嘉誠十四歲，其實也被傳染了肺癆，但他沒告訴任何人，尤其怕父親擔心。這是李嘉誠生平第一個重大危機。他堅決告訴自己不能死，每天清早起來散步，曬曬太陽，呼吸新鮮空氣，又幫人寫家書寄回內地，換些魚湯和魚汁吃喝，增加營養，結果居然奇蹟康復。我相信李嘉誠能夠大難不死，意志是非常重要的原因。我見過及聽過不少個案，醫生説希望不大，但病人意志極堅定，深信自己會康復，加上接受良好的治療，往往絕處逢生。相反，一些病人情況本來不算太差，但老是覺得自己好不了，結果便真的好不了，病情反反覆覆，或越來越差。

莊碧琴聽説丈夫病重的消息，帶著子女匆匆從鄉下趕來香港。最終李雲經在醫院病逝，臨終前跟李嘉誠説：「你這個兒子，我沒甚麼需要説」，即是沒甚麼需要擔心。當時是一九四三年，李嘉誠只有十五歲，但他已答應父親道：「您不用擔心，我日後一定會令全家人過得好。」李雲經對李嘉誠完全放心，是李嘉誠一生人覺得最驕傲的一件事。

李雲經何以這麼堅持要李嘉誠努力唸書？一來李家書香世代；二來李嘉誠非常有書緣，自小便讀了《三字經》、《千家詩》、《論語》等古籍，而且十分勤力，不唸書實在太浪費了；三來李雲經來港後，教李嘉誠要融入香港，學做香港人；如果兒子無法接受教育，學懂廣東話和英文，又怎能在香港立足？

三、甥舅關係

甥舅，指外甥和舅舅，亦指女婿和岳父。李嘉誠和莊靜庵兼有這兩重甥舅關係，這個分題語帶雙關。不過，二人成為女婿和岳父是後來的事，簡直是歷盡千辛萬苦，可歌可泣，我在之後的章節會再說。現在先談談這對外甥和舅舅的關係如何。

李嘉誠隨父親來港投靠舅父，獲舅父招待和幫忙，理論上這對外甥和舅舅的關係不錯，不過我看了不同的李嘉誠傳記後，發現前後寫法不一樣。讀早期的傳記，只會感覺李嘉誠認為舅父待他很好，感激涕零，但讀成書較晚的那幾本，會感到李嘉誠對他的舅父有怨言。我看了之後，真是產生很大的疑問：為甚麼會這樣呢？我仔細想，人的關係往往很複雜，很難有單純的愛或恨，可能二人的關係夾雜恩怨情仇，李嘉誠對這位舅父有感激之情，也有埋怨之意，但他早年不敢揭露，亦不想揭露，或許原因有三：第一，莊靜庵不單是舅父，還是岳父；第二，莊靜庵有三個兒子，分別是長子莊學山、二子莊學海和三子莊學熹，和李嘉誠既是表兄弟，也是郎舅；第三，聽說李嘉誠兩個兒子李澤鉅和李澤楷與母親家族的人關係很好，非常親近。種種原因，令李嘉誠在早期隱忍下來，完全沒有表達對舅父有任何不滿，直到後來他覺得說出來也不會有甚麼壞影響，才稍稍吐露真情實感。

如果李嘉誠真的對莊靜庵有怨言，原因是甚麼呢？我猜想可能有三個理由。

首先，李嘉誠一家人來香港時，莊靜庵明明知道李雲經山窮水盡，但他沒有邀請姐夫到他的鐘錶公司工作。我相信莊靜庵一定有自己考慮的因素，例如不想在公司滲雜親戚關係，何況對方還是自己的姐夫，輩份較高，成為自己公司的下屬不太方便之類，但李雲經必然非常錯愕，被迫在完全人生路不熟的香港到處奔走，只求找到一份職業養家，可是奔波勞碌了一大段時間，仍然茫無頭緒。當時李雲經必定十分憂愁，李嘉誠看在眼裏，自然心疼。這可能是李嘉誠對莊靜庵的第一大怨。

其次，當時李嘉誠全家貧困，莊靜庵偶有接濟和幫助，但莊靜庵也處於事業搏殺階段，十分忙碌，對李嘉誠一家的照顧不算周全。李雲經死後，李嘉誠的傳記有不同的説法。舊的那些説莊靜庵叫李嘉誠去他的鐘錶公司工作。李忠海的《李嘉誠傳》則記載得比較詳細，説李嘉誠先是到處找工作，莊靜庵見他屢試屢敗，便叫他去自己的鐘錶公司打工。李嘉誠告訴母親讓他再試三天，如果仍然沒有好消息，便替舅父工作。結果第三天時，李嘉誠獲西營盤的春茗大茶肆聘用為跑堂。李嘉誠在那兒做了一年多，人又勤快機靈，所以他很擅長斟水、沖茶，以及觀察客人的喜好和臉色。做跑堂很辛苦，每天從早到晚工作，足足十五小時，但李嘉誠仍然不願去替莊靜庵打工，便是因為莊靜庵並非一開始主動聘請他，見他處處碰壁才開口讓他進公司。這是李嘉誠對莊靜庵的第二大怨。陳美華、辛磊的《李嘉誠全傳》則説莊靜庵是特地這樣對待李嘉誠，讓他先嘗嘗苦頭，才會珍惜工作，願意自強。我不知這是真是假，但我想李嘉誠不會相信這點，認為莊靜庵只是事後打圓場而已。

第三，後來莊靜庵說好說歹，李嘉誠終於辭去茶肆的工作，加入中南鐘錶公司。不過，他做了大約兩年，忽然辭職，跑去塑膠公司當推銷員。這非常奇怪，因為中南鐘錶公司的老闆是他的舅父，無論怎樣，他都是皇親國戚，直達天聽；鐘錶又是高級商品，而當時二次世界大戰已結束，香港已重光，高級商品的市場應該很有潛力；他在高昇街的鐘錶店售賣鐘錶，實在是一份不錯的工作，為何捨棄呢？有人說，李嘉誠和表妹——亦即莊靜庵長女——莊月明漸生情愫。莊月明母親邱碧雲發現女兒常常傻傻甜笑，跑高昇街鐘錶店又跑得很勤，立即發揮女性天生強勁的第六感和觀察力，很快便發現這小兩口有曖昧，於是馬上將觀察和調查結果告訴莊靜庵。莊靜庵大力反對二人來往，因此甥舅關係惡化，李嘉誠不得不離開。我想，當時李嘉誠約十六、七歲，而莊月明比李嘉誠小四歲，約十三、四歲，都是情竇初開的年紀，戀上並非沒可能，但我無從證實。如果是真的話，這便是李嘉誠對莊靜庵的第三大怨。

雖然我不知道第三大怨是真是假，不過莊靜庵反對李嘉誠和莊月明來往，則肯定無疑問。我想起一件發生在五十年代的真人真事，比李嘉誠離開中南鐘錶公司晚大約十年，不是相差太遠。我小時候，民間風俗傳言，都說姨表關係可通婚，但姑表關係絕不能，就算粵語長片也常常有這類說話。姨表即兩家的母親是姐妹；姑表即一方是兒子所生的子女，另一方是女兒所生的子女。在我那一輩中，真有姑表關係的親戚生了情意，結果被雙方家長嚴厲制止。我相信李嘉誠和莊月明的戀情不單遭到莊靜庵反對，也不可能獲李嘉誠母親莊碧琴贊成。後來李嘉誠和莊月明在很多年後才成功結婚，走了漫漫長路，原因便是他們屬姑表之親。

那麼，李嘉誠離開中南鐘錶公司後，這段甥舅關係如何發展呢？我想他們有一段時間很少見面，一來需要時間淡化，二來雙方都忙。莊靜庵忙於打理他那勢頭極好的鐘錶生意，李嘉誠則到了一家五金廠當鐵桶推銷員。他找目標客戶十分拿手，營業額極優異。不過，有一次他推銷時，與塑膠公司老闆王東山交鋒，結果敗陣，他便意識到塑膠既輕巧，又美觀，是新興產品，大有可為。另一方面，王東山十分欣賞李嘉誠的推銷技巧，向他挖角。李嘉誠便毅然向五金廠辭職，轉到塑膠公司上班。

根據資料，李嘉誠在塑膠公司的業績同樣非常強勁，所以他在短時間之內便晉升為業務經理，統領八名推銷老手，之後再像坐火箭般，獲提拔為總經理。當時他只有二十歲，十分厲害。事實上李嘉誠是推銷天才，推銷便是他的天性，縱使他年紀大了，推銷技巧也絲毫沒有生疏。我有一位頗為有錢的朋友，有一次去長江集團中心辦些事。李嘉誠聽說他來了，說想認識認識，便邀請我的朋友一起吃晚飯。我的朋友聽說可以和首富共晉晚餐，當然欣然赴會。席間大家言談甚歡，飽餐一頓，歡然道別。我的朋友後來告訴我這段經歷，說李嘉誠為晚飯埋單，但他自己不知為甚麼簽了幾張臨時買賣合約，買了幾個長實集團興建的一手單位！後來我的朋友每一次去探望李嘉誠，總會莫名其妙再買長實樓！李嘉誠的推銷本事就是這麼厲害，而且不會放過任何推銷機會。

李嘉誠推銷為何這麼成功？第一，他在推銷過程中，發現要成功將商品賣出去的話，首先要推銷自己。甚麼叫做推銷自己？很多時推銷員會令人覺得又煩又可憎，因為他們會將產品誇讚得天上有地下無，口沫橫飛，這種是低級推銷員。中級推銷員好一點，會說產品有很多優點，如何適合客戶，又會向客戶提供一些意見，不過他們說話不太有趣，知道的事情又不多，很難令人跟他有閒聊的意欲。高級推銷員當然是高手了，會捉摸客戶的心理，說客戶喜歡聽的說話，大家定時吃飯喝茶，閒話家常，建立了友情，賣產品不難。頂級推銷員更高一級，除了熟知產品及市場，又甚麼都懂一些，要聊甚麼都接得上口；又有廣闊的人際網絡，客戶想找甚麼，他們都有辦法幫忙找回來；最重要是為人貌似非常誠懇，真心為客戶好，甚至連客戶的子女的需要也操心上了，簡直令客戶覺得跟他們相逢恨晚，彼此建立良好的友誼和信任關係，買賣產品水到渠成。李嘉誠便是頂級推銷員中的頂級推銷員，客戶巴不得他多來，不來反而記掛他。

第二，李嘉誠比任何人都聰明前衛。現在是大數據年代，任何銷售都離不開精密的數據分析，例如目標客戶消費水平大約多少，以及消費習慣如何之類，以前哪有這些？李嘉誠替王東山打工時，推銷員都是拿著商品到處跑，努力推銷便算，但李嘉誠居然已經另闢蹊徑，預備了一本簿，將香港每區的消費水平和市場行情等記錄下來，自己做數據分析！因此他每次拿到產品後，都會知道去哪一區推銷有較大把握。他當塑膠廠推銷員時，業績在全公司排名第一，更曾經領先第二名六倍，當然有原因。

第三，他在《傑出華人系列》提及他應該比別人能幹，因為他比任何人都好學和勤力。他表面說得很謙虛，不過我覺得他內心很為自己有這兩項特質感到驕傲。他好學和勤力是肯定的，例如他在塑膠廠打工時，每天工作十多小時，升上總經理後，又會跑遍全廠每一個崗位，學習塑膠生產的每道工序、技巧和細節。他曾說他每天無論多累，都會看書，多年以來一直維持這個習慣，從沒改變。我相信他不是隨口胡說。我曾兩次和李嘉誠吃飯，與他聊天。老實說，我見過的千億富豪不少，要說其中知識最廣泛的一位，必定是李嘉誠莫屬。我亦敢肯定說有些富豪跟他相差太遠，根本不在同一層次。李嘉誠甚麼都懂，無論任何話題都可以接口，分別只在多或少而已。以他的教育程度來說，這絕對難能可貴，所以我肯定他看了很多書，學習了不同的知識。其實富豪不一定是知識分子，但如果要更上一層樓，一定要有不同的視野，而視野的高低是由知識決定的，因為知道得越多，接收的資訊便越豐富，眼界才會更加開闊。李嘉誠這麼富有，與他多看書有很大程度的關係。

他這麼有錢，居然一直工作，直到九十歲才退休，退休後打理李嘉誠基金會，根本就是超級勤力的工作狂。

李嘉誠掌握塑膠廠的所有事務後，決定離職開塑膠廠，需要資金五萬元。當時是一九五零年，五萬元是一個甚麼概念呢？那時在灣仔買一幢三至四層高的住宅樓宇，大約三萬至四萬；一碗雲吞麵只要三毛，因此五萬元是一個天文數字，大約等於現在三千萬元！

當時李嘉誠有多少積蓄？他曾經明確交代是七千元。他說，他打工賺錢，除了日常必用開支之外，其餘都會交給母親莊碧琴持家，而莊碧琴非常精打細算，所以不但能維持全家開銷，更有餘錢儲起來，因此李嘉誠一直非常感謝母親。不過這筆積蓄距離成功開廠仍然相差四萬三千元，唯有向人借。當時李嘉誠只得二十歲，沒有可以抵押的資產，還要養活全家人，而且第一次做生意，基本上虧本收場的機會率高達百分之九十九，誰會願意借一筆巨款給他？

我說說我一個類似的遭遇，大家便知道要借這麼多錢有多艱難。一九七一年，我從香港大學畢業，加入大和證券，負責代表公司聯絡香港的富人，游說他們採用大和證券的服務，因此我認識了企業家李東海先生。一九七二年，李東海先生邀請我一起創辦東泰證券公司，需要保證金五萬元。那時我的積蓄有二萬多元，即是我要想辦法另外籌二萬多元。那時距離李嘉誠創業晚了二十二年，籌借款項大約只及李嘉誠所需的一半，而且當時我沒有失業，在大和證券工作，有穩定收入之餘，又從買賣股票中賺錢，以及經常替人補習賺取不俗的外快，但我向所有親戚和朋友借錢，最終連同我的積蓄在內，總共只湊到三萬元，幸而李東海先生接受，我才能夠成為東泰證券創辦人之一。

結果，李嘉誠成功籌錢，但他始終沒有說是誰借的。他借的錢這麼多，肯定不會是以每筆小數目——例如一百元——的方式借回來，必然是有一筆比較大額的借款。我翻查不同的資料，都說有三人借出款項，分別是莊靜庵、李嘉誠的叔父李奕及堂弟李澍霖。李嘉誠從沒說過叔父及堂弟很富有，香港傳媒這麼擅長追根究底，也沒怎樣提過這兩人，所以我猜想絕大部分的借款來自莊靜庵。至此我便對李嘉誠有一個大問號，皆因這筆錢是李嘉誠後來富甲天下的關鍵，非常重要，絕對是天大的人情，何以他這樣一個既敦厚，又感恩的人，從來不明確說是誰借呢？縱使對方沒有這樣要求李嘉誠，李嘉誠也會主動這樣做吧？

為甚麼李嘉誠始終不願意提及這個大恩惠？我猜想有兩個原因：

一是又牽涉這對外甥和舅舅的恩怨。算一算，當時李嘉誠離開中南鐘錶公司大約已有三、四年，期間有沒有見過莊靜庵和莊月明呢？我相信李嘉誠一定見過莊靜庵，畢竟二人是甥舅，加上有莊碧琴在，無論如何不會將關係弄得太僵，老死不相往來，尤其在農曆新年這種中國人非常重視的傳統節日時，可能更會一起吃飯。不過，我相信莊氏姐弟可能也會刻意不讓李嘉誠和莊月明同場。甥舅二人應該在這段時間修復了某程度的關係，李嘉誠才有可能開口向莊靜庵借錢，而莊靜庵亦願意出手襄助。然而，李嘉誠心底始終記著父親之死，又對莊月明念念不忘，所以那時候無法全心全意感激莊靜庵，後來又發生了其他事情（我會在後文詳說），結果李嘉誠不願意提及莊靜庵對自己的恩情。

二是李嘉誠一直予人白手興家的形象，不想讓別人知道莊靜庵曾經幫了他的大忙，令人覺得他「靠老婆發達」。直到二零一七年十月，李嘉誠在《亞洲新聞周刊》發表了一篇回覆國人的長文，才說「我也不是白手起家，我創業的時候得到妻子家族的幫助，這一點我從不諱言。不要把我打扮成白手起家的商業之神，我感謝在我創業之初支持和幫助我的所有人。」妻子家族是指誰？當然是指莊靜庵了。李嘉誠發表這篇長文時已經八十九歲，才間接承認是莊靜庵幫忙——雖然他仍然沒有指名道姓；並直接叫人不要以為他白手起家，但他這形象已深入民心數十年。老實說，我覺得澄清的作用不大，除非他一開始便強調，不斷重覆提起，才會令人記得他並非白手起家。

當然這些只是我的推測。如果我有錯，希望李嘉誠指正。

第四章

工廠老闆時代的李嘉誠

一、李嘉誠差點跳海？

李嘉誠十五歲出來打工，經過七年，在二十二歲已經創業，由夥計變成老闆。

在這七年間，李嘉誠有一個特色，便是多次轉換工作。最初他在茶肆打工，然後加入中南鐘錶公司，其後成為五金廠的一員，再轉職塑膠公司。七年內先後在四間公司工作，縱使不將疑似被迫離開的一次（中南鐘錶公司）計算在內，跳槽次數也非常頻密，加上他這麼年輕便出來創業，我認為他野心勃勃，非常急於向上爬，不能長久位居別人之下。他工作七年，要承擔全家人的日常開銷，仍然可以累積七千元的儲蓄，除了他有本事，以及莊碧琴持家有道外，各位老闆待他真的很不錯。

他十八歲時肺癆病發，醫院剛好在他病發前三天從外國引進特效藥 Streptomyin，注射後在醫院躺了一個月，之後再接受針藥治療，徹底治好此病。當時他的老闆王東山讓他如此花時間治病，實在頗有情有義。我也做了很多年老闆，有無數招聘經驗，假如見到應徵者轉職次數頻密，便會看原因是甚麼？好像李嘉誠這類能幹的人無懼跳槽，升職速度又這麼快，已可判斷這類人不可能滿足於位極人臣，始終一定要做老闆。如果你本身也是老闆，除非你是英雄豪傑，否則你不能容忍李嘉誠這類人物，皆因他太優秀，又必然另起爐灶，你聘用了他，不是忌他功高震主，便是怕他不知何時離你而去，可能建立一門差不多的生意與你競爭；而你之前對他十分倚賴，因他離開而不知所措，生意大受影響，終日提心吊膽，憂思勞神。

當然，李嘉誠敢於在二十二歲便借下巨款創業，絕對有相當大的勇氣。還有值得稱讚的一點，便是他有道義。他向王東山辭職時，坦白告知自己會開設塑膠廠，但他表明不會將王東山原有的客戶帶走，會另外開闢新客源，而且他説得出做得到，不是門面話而已。對一個銷售員來説，客戶網絡是最珍貴的資源，而且萬事起頭難，李嘉誠又是創業初哥，能夠信守這個承諾，不帶走故主的客源，反映了他的人格。我想借李嘉誠的例子提提大家，如果你原本打工，決定辭職創業，那麼有一件事決不能做，便是創辦一門跟老闆公司一模一樣的生意出來，挖角之餘，還帶走老闆公司原本的生意網絡。假如你不理會別人的評價，決意這樣做的話，那麼你的生意一定要成功，就算不成功也要另外再創業，皆因你是老闆眼中的叛徒，名聲已毀，此生此世也不會有人願意聘用你。

李嘉誠在筲箕灣開設了長江塑膠廠，面積大約一千多平方呎。為甚麼叫長江？他曾解釋「長江不擇細流，故能浩瀚萬里」。長江源頭只是涓涓細流，向東流去，容納無數支流，終於形成汪洋之勢，浩蕩萬里。他將工廠取名長江，寓意工廠將來的發展也像長江般由小到大，建立宏圖偉業。從李嘉誠為工廠命名的構想，可見此人真是志存高遠。筲箕灣從來不是港島的中心，屬於偏僻地帶，備受忽略，當時住了數千漁民及一些難民，因為租金便宜，才會被資金緊絀的李嘉誠看中；廠房裝修和設備亦十分殘舊，但李嘉誠已經在海浪山野間構思雄圖大業，志向和自信確實澎湃。當然，也可說李嘉誠初生之犢不畏虎，因為他投身社會七年，工作算是順風順水，不會知道創業和打工完全是兩回事。

李嘉誠開業後，為了節省成本，請了一些農民當塑膠工人，親自教導他們如何生產和操作。李嘉誠自己身兼全部職位，設計、採購、推銷、會計、操作……全部都跟他有關。那時長江塑膠廠主要生產兒童玩具和塑膠水壺等，質量不高，但價錢便宜，加上有李嘉誠這名頂級推銷員，所以最初嘗到甜頭，賣出了一批又一批的貨品。正如賭錢一樣，賭徒輸錢皆因贏錢起，嘗過甜頭便會心雄，天才如李嘉誠也不例外。他冒險接了一些較大的訂單，新招聘了不少工人投入生產。可是，這些工人都是新手，工藝粗疏，加上廠房的壓塑機都是二手貨，早已被歐美國家淘汰了，日夜不停生產趕貨，質素參差不齊，結果不少客戶以產品質素有問題為由退貨。產品賣不出去，自然沒有收入，李嘉誠沒錢清繳原材料供應商的原料費，以及銀行的貸款，被迫解僱一些工人，節省開支。原材料供應商威脅說會到處傳揚他賴款的醜聞，銀行則直接派員到長江塑膠廠，明言一是歸還欠款，一是有人擔保，否則廠房不准恢復生產，須收歸銀行所有。工人耳聞目睹債主找上門，士氣本來已經極度低落，加上一些被李嘉誠解僱的工人為生計感到徬徨，不願離開，和家屬哭哭啼啼，混亂不堪。長江塑膠廠幾乎出師未捷身先死，長使英雄淚滿襟變長江英雄淚滿襟。

李嘉誠頭頭碰著黑，一籌莫展。我聽過一個在中環流傳的都市傳說，說做生意厲害如李嘉誠，都曾經三次企圖跳樓。這個傳說是不是真的呢？我不敢妄言，但如果傳說是真，那麼我回顧李嘉誠一生事業的成敗，三次動念跳樓肯定是在一九七二年之前發生的，原因是他在一九七二年已將公司上市，成為富翁了，之後基本上過關斬將，所向披靡，忙著做生意也來不及，哪有心思去跳樓？何況，這個傳說是在七十年代開始流傳，所以我斷言若傳說屬實，李嘉誠三次企圖輕生必是一九七二年之前無疑。那麼，假設傳言並非空穴來風，是甚麼事件導致李嘉誠打算尋死？這次創業初始的重大危機絕對是其中一次（另外兩次我會在之後的篇章再談）。其實，一些李嘉誠的傳記也提及當時李嘉誠站在筲箕灣海邊，望著碧波微浪，打算縱身一跳，拋卻所有煩惱。到底李嘉誠是否真的想跳下去？我猜想他未必沒有動過這個念頭，畢竟當時他非常年輕，人逢絕處，很容易想歪，但自殺需要很大的勇氣，又要顧慮家人，加上他本身是一個負責任的人，所以他沒有真的實行。不過我有一個疑問，就是李嘉誠曾說自己的養生秘訣是每天早上六點起床，做一個半小時運動，包括打高爾夫球、游泳和跑步，他是甚麼時候學懂游泳的呢？如果自小便懂，那麼縱使當年在筲箕灣跳海，其實也可安然無恙，畢竟求生是人類的本能。

結果他怎樣化解這次重大危機呢？李嘉誠的傳記記載了不同的版本，其中一個版本是莊靜庵再次如神一般降臨大地，主動找李嘉誠，表示願意替他擔保，令長江塑膠廠得以復工生產。這個版本不知是真是假，平心而論並非沒有可能，畢竟二人是甥舅之親，加上莊靜庵知道李嘉誠要養家，他又借了一大筆錢給李嘉誠創業，無論如何也不想長江塑膠廠倒閉。不過如果真有此事，我懷疑莊靜庵答應擔保的條件可能頗辣，成為李嘉誠後來很長一段時間不想提舅父對他創業之助的部分原因。另外一些版本則沒有提及莊靜庵幫忙，只說李嘉誠穩定心神，向工人道歉，答應只要經營有轉機，便會重新聘用遭解僱的員工；另外逐一拜訪原材料供應商、銀行和客戶，向他們坦承長江塑膠廠面臨的危機，誠懇道歉，希望他們放寬期限。由於他態度真摯，加上工廠倒閉對誰都沒有好處，所以他獲得諒解，還款期限得以放寬。事實上，無論當時莊靜庵有沒有做白武士，李嘉誠都要處理這些善後工作的。

李嘉誠將積壓的產品分為兩類，一類是質素沒問題的，另一類是質素差劣或款式過時的。他發揮頂級推銷員的本色，成功將沒問題的貨品到處推銷出去；有問題的貨品則分為兩部分，一部分賣給專售次貨的批發商，另一部分則進行修改和打磨再造，以非常便宜的價格售到東南亞等地，意外地大受歡迎。李嘉誠陸續收到貨款，償還了部分欠款。債主們見他努力信守承諾，於是讓他分期還款。李嘉誠言而有信，重新聘用之前解僱了的工人。如是者，李嘉誠得以跨過做生意以來的第一個大危機。

不過苦日子還沒完。從一九五零至一九五五年，李嘉誠一直努力還錢。工廠二十四小時無間斷運作，李嘉誠蓋了一個閣樓做辦公室，晚上則在不足八十平方呎的儲物室睡覺，一星期回家一次，探望母親和弟弟。他這樣咬緊牙關捱了五年，才終於清還所有欠款，甚至有盈餘。似他這種商業奇才，也曾困苦到這個地步，可見做老闆之難，只要做錯一個決定，正如他放膽接下大訂單，後果可以非常嚴重。

二、不義而富且貴

無債一身輕，李嘉誠為長江塑膠廠添置了新的機器零件，又進行維修，所以機器的功能大有進步，出品質素更好。長江塑膠廠因出品價廉物美，交貨準時，訂單源源不絕，盈利也頗可觀。李嘉誠更在新蒲崗大有街設置了分廠，趕製貨品，滿足客戶的需求，不過他絕對沒有發大財，仍然是一個小老闆。

一般人都喜歡留在舒適圈，不想作出改變。不過，李嘉誠從來都不是安於現狀的一般人，否則他不可能將生意做得這麼大。他思考應該怎樣令塑膠廠賺更多錢，但塑膠市場的產品大同小異，主要都是塑膠玩具和塑膠日用品等，薄利多銷，利潤有限，不會有大突破，所以開發淨利率高的新產品很重要。李嘉誠另一點跟別人不同的地方是他勤力得可怕，因此他勤學英文不輟，而且他將眼光放在國際市場，會訂閱英文雜誌去瞭解塑膠工業的最新發展和市場趨勢。有一天他看一本英文雜誌，發現了塑膠花這種新產品，即是用塑膠製成不同的花卉，不用像種真花般花心思和時間打理，又十分漂亮。當時二次大戰結束約十年，歐美經濟復甦，香港亦處於發展期，人們開始講究生活情趣。李嘉誠斷定塑膠花必定暢銷，正是塑膠廠最適合發展的新產品，所以他決定製造塑膠花。

塑膠花是意大利的新產品，有三大關鍵：一是款式，即是做甚麼花；二是配搭，便是如何將花和葉穿得好看，以及如何將不同的植物放在一起，配成漂亮的花卉裝飾；三是顏色，指的是怎樣將色彩調較準確，有深淺之分，造出來的花朵才逼真，不會死板。李嘉誠和長江塑膠廠的工人研究良久，根本不知道怎麼製作，那麼他之後怎會成為塑膠花大王呢？這涉及一宗非常大的疑案。根據一些李嘉誠的傳記，說李嘉誠馬上前往意大利米蘭，參觀畫報上塑膠花的製造商維斯孔蒂塑膠廠，明確表示想購買塑膠花的設計圖紙和工藝技術，但人家開價數百萬美金！這是天文數字，當然不可能，那間工廠也顯然不想出售相關的知識和技術，所以才開出這樣的價格，讓李嘉誠知難而退。李嘉誠的確知難，卻沒有而退，他發現福爾斯塑膠花有限公司聘請打雜工人，而這間公司恰巧便是他所看雜誌上塑膠花的生產商。李嘉誠拿的是旅遊簽證，本來不可以工作，但公司老板需要用人，又吝嗇，所以只給李嘉誠一半工錢，李嘉誠便成功以非法勞工的身分工作。他依靠天生神奇的記憶力牢記了生產的工序和配方，又刻意和工友混熟，假日請他們喝酒吃飯，乘機請教他們製作塑膠花的技巧及要訣。工友們喝得酒酣耳熱，便爭著表現自己，甚麼都說出來，結果被李嘉誠學了個透。之後李嘉誠當然放棄當非法勞工所賺的微薄薪金，跑去花店購買多種栩栩如生的塑膠花，拍拍屁股回香港。

眾所周知，李嘉誠靠塑膠花賺了大錢，成為「塑膠花大王」。李嘉誠說過「不義而富且貴，於我如浮雲[11]」，在意大利耍盡心思當非法勞工，還要偷學技術，當然不義，問題此事是真是假？李嘉誠未曾承認，不過我覺得整個故事有點離奇。

11 出自《論語・述而》。

首先，為何他可以丟下長江塑膠廠的事務，在意大利當非法勞工？其次，他不懂得意大利文，要成功當黑工，首先也要見工，怎麼面試呢？用英語嗎？當年我和大家姐一家合營瓷磚生意，因為很多款式也是從意大利進口，所以我們常常去意大利，當地人基本上只說意大利語，懂不了多少英文，要像李嘉誠般蒙混入公司當非法勞工，還要學懂製作塑膠花的每一個細節——雖然那些工人可能來自歐洲各地，懂得說英語——實在匪夷所思，因此我最初傾向不相信。不過後來我也動搖，原因是我讀了李忠海所著的《李嘉誠傳》，發現書中也收錄了李嘉誠在意大利當非法勞工及偷技術的往事。此書對李嘉誠推崇備至，應該不會誣衊李嘉誠。此外，此書由香港大學前副校長李焯芬代序。李焯芬曾在「李嘉誠醫學院」冠名風波中替李嘉誠說好話[12]，按理如果書中有不當的黑暗歷史，他不會願意代序。種種跡象實在太神奇，不得不令我懷疑首富真的有這段不義的過去。

然而，假如《李嘉誠傳》所述不確，那麼李嘉誠如何掌握塑膠花的製作技術呢？可能李嘉誠不是做非法勞工，也並非到處參觀，而是折兩者之衷，成功說服塑膠花製造廠的老闆或高層，讓他留廠觀摩和學習一段時間，終於成功取經回港。李嘉誠外表討好，文質彬彬，腦筋靈活，手段高明，加上三寸不爛之舌，說得人家答應並非不可能；又或許他天天以觀看樣品、談生意、問問題等各種不同的理由跑去參觀人家的工廠，觀看生產程序，回港後再揣摩和研究怎樣製作塑膠花。

12 二零零五年五月，香港大學宣布獲李嘉誠及李嘉誠基金會承諾捐款十億元，因此醫學院將改名「李嘉誠醫學院」，表彰李嘉誠慷慨捐贈之舉。二零零五年六月十九日，香港大學醫學院畢業生到醫學院大樓外靜坐抗議冠名一事。時任港大副校長李焯芬到場，與學生對話，說冠名之舉「就好像『去飲做人情』，禮尚往來，投桃報李」，被現場學生大喝倒采。

總之，李嘉誠將塑膠花樣品帶回香港後，與公司高層人員和技術骨幹苦心研究，添加了幾種華人社會熟悉的花卉，減少意大利味道，成功用低成本生產出漂亮的塑膠花。這種新產品新奇漂亮，適合當時新興講求裝飾的風氣，因此當李嘉誠拿樣品出去給客戶看時，基本上不用推銷，已令客戶蜂湧下訂單。長江塑膠廠的塑膠花以光速風行香港和東南亞，李嘉誠掀起塑膠業新熱潮。不消多說，不同的塑膠廠紛紛生產塑膠花，至於技術不知是如何得來的，要懂的自然懂，所謂路是人走出來的。當時香港工廠不單有工人穿膠花，很多家庭也會到工廠拿組件回家，全家人穿膠花賺錢。我家也是穿膠花的一員，我小時候也曾經幫忙。事實上你試試問七十歲以上的人，要找一個未試過穿膠花的，絕對不容易。當年穿膠花養活了不少家庭，李嘉誠應記一功。

六、七十年代香港不少家庭都會做「穿膠花」幫補家計，「穿膠家」更成了家庭作業的代名詞。

三、塑膠花二三事

關於李嘉誠賣塑膠花，有幾件事值得說說。

（一）馬素事件

根據李嘉誠的傳記記載，美籍猶太人馬素向長江塑膠廠訂了一批貨品，後來無法履行合約。按理馬素要作出賠償，但李嘉誠說算了，只希望日後如果有其他生意，可以進行合作。之後馬素一有機會便向美國行家介紹長江塑膠廠，讚賞李嘉誠如何優秀，為長江塑膠廠帶來不少美國的生意，因此李嘉誠明白吃虧是福的道理。當時李嘉誠是賺了些錢，但資金不鬆動，更談不上是富豪，既然能夠不追究馬素這麼豁達大方，那麼後來成為華人首富的他，為何在一九九八年堅決控告美湖居的買家呢？事緣一九九七年，長江實業天水圍物業嘉湖山莊美湖居開售，可是九八年發生金融風暴，樓價下跌，銀行估價不足，一群買了美湖居的小業主無法完成交易，被迫放棄訂金，可是長實向這些小業主發出律師信，追討物業差價，令小業主苦不堪言。當年區議員陳偉業為這群小業主出頭，公開譴責長實。我和陳偉業稔熟，所以我也認識了一些當年被長實控告的小業主。他們放棄訂金後已非常慘烈，加上金融風暴令收入鋭減，基本上已山窮水盡，連生計也成問題，哪有錢作出賠償？結果長實花了不少律師費，最後還是無法成功追討多少個案的物業差價。從原則上來說，馬素事件跟美湖居事件同樣是毀約，沒有分別，何以李嘉誠此一時彼一時，願意放馬素一馬，卻向小業主步步進迫？李嘉誠曾説放棄追討差價的話，對其他沒有放棄訂金、咬緊牙關供樓的小業主不公平，「踢契」的人做法對香港不好，意下之意是説「踢契」的人不守合約精神。我不能説他的想法錯，但他是否可以作出更彈性和合乎人情的處理呢？何況，我懷疑另有兩個因素導致他處理兩宗事件的態度如斯不同：第一，從陰謀論來説，李嘉誠智深慮遠，會否想過馬素是美籍猶太人，或許有利用價值，對他寬厚些，有機會讓他平生不解藏人善，到處逢人説項斯？那麼李嘉誠便等於做了市場推廣，名聲越來越高。換句話説，對人寬厚，要看對方是甚麼人。第二，從實際上來説，馬素又不是香港人，是美籍的，就算毀約，李嘉誠可以奈他甚麼何？用香港法律控告他？如果馬素離港，又不知去了何處，還告甚麼？倒不如大方些作罷。為甚麼我這樣説？因為我曾經有類似的經歷。當年我跟意大利客戶簽約做瓷磚生意，後來他毀約，我諮詢了律師的意見，找了意大利當地的律師控告他，甚麼證供和資料也交了，來來回回一段時間，但當地法律跟香港不一樣，據知那位意大利客戶繼續在當地做生意、吃薄餅、看意甲，非常逍遙。我發現自己不但浪費金錢，而且白費氣力，所以放棄收場。

（二）莊靜庵拒擔保

一九五七年，李嘉誠將長江塑膠廠改名為長江工業有限公司。李嘉誠當然是公司的總設計師，制定大發展方針，例如添置更多優良的設備、爭取更多海外客戶，以及聘請專業人才和技工，同時他也是小設計師，會設計塑膠花的式樣。長江工業的塑膠花大受歡迎，各地訂單滾滾而至，我想他應該有一定的設計天分。

一位歐洲大客戶親自去長江工業有限公司看塑膠花，大加讚賞，覺得比意大利所製更勝一籌，價錢更便宜一半以上，簡直一見鍾情。歐洲大客戶希望訂購龐大的數量，但他擔心長江工業的資金流無法應付，所以要求李嘉誠找實力雄厚的公司或個人作擔保。這張大訂單的金額是多少呢？我找不到資料，估計可能是港幣二、三百萬，大約等於現時的數億。雖然當時長江工業的規模比起長江塑膠廠時代已大了許多，但相對其他大工廠來說，仍然簡陋，跟歐洲先進工廠更是沒法比，所以大客戶的要求非常合理。如果李嘉誠能夠接下這張大訂單，一定能夠賺很多錢，故此他極興奮，不過找擔保是一個問題。雖然當時李嘉誠的信用已經非常良好，長江工業的前景也欣欣向榮，不過金額這麼大，誰願意擔保？李嘉誠想來想去，到底還是想到莊靜庵。

當時中南鐘錶公司發展同樣一片光明，由以前家庭式作業生產錶帶和進行鐘錶貿易，拓展至由瑞士輸入錶肉，裝嵌手錶，再運往香港分店和東南亞銷售；另外又取得瑞士樂都錶和得其利是鐘錶的經銷權。不過莊靜庵拒絕為李嘉誠擔保。在我看來，不能説莊靜庵不顧甥舅之情。做過生意的人都知道公司在上升期時，因為要投入資源擴充及發展業務，所以流動資金不會太多。當時中南鐘錶公司也在發展業務，那有空顧及長江工業？何況莊靜庵沒有參與長江工業的業務，怎知有甚麼風險？萬一發生甚麼事，真要負起擔保人的責任，會不會連中南鐘錶公司也一起陪葬？莊月明也有幫李嘉誠請求莊靜庵幫忙，不過莊靜庵堅決不答應，令莊月明耿耿於懷。李嘉誠有沒有因此怪莊靜庵？我想當時李嘉誠已做了多年生意，不會不明白莊靜庵的決定，但內心難免會感到不舒服。

沒有莊靜庵擔保，李嘉誠等於斷了財路。不過李嘉誠不死心，與設計師熬夜趕製了九件樣品，次日與歐洲大客戶在咖啡廳見面。本來大客戶只要求三款樣品，分別是花朵、水果和草木，但李嘉誠不但多造了六款樣品，更説考慮到對方是為聖誕節銷售做準備，所以其中三件樣品添加了聖誕節元素，配合聖誕節的氣氛。李嘉誠又坦承自己找不到擔保人，但會盡最大努力擴大生產規模，以及提供全港最優惠的價格，希望能跟大客戶合作。我一直説李嘉誠是頂級推銷員，滿心為客戶著想，樣子至誠，保證最低價格，更做出比客戶要求更多的樣品，實在太貼心，很難不被他打動。果然這名歐洲大客戶説：「不用擔心，我已經替你找到擔保人了。」我想當時李嘉誠聽到這話，內心一定歡喜若狂，但又要按捺自己不表露出來，非常辛苦，當然他也真愕然，因為客戶會替自己找擔保人，簡直是千古奇聞，便問道：「甚麼？請問是誰呢？」大客戶道：「你便是擔保人了！我相信你的真誠和能力。」李嘉誠坦白道：「謝謝你的信任！我的公司資金有限，一時之間未必能完成那麼多訂貨，但我會盡所有能力去完成合約。」我覺得李嘉誠固然坦白，但也預先「戴頭盔」，為自己留一線，以免得失大客戶。大客戶更加感動，覺得這位年輕老闆非常坦率和真誠，簡直是商業界的清流，不單同意簽約，更向李嘉誠預付貨款，讓他不用為資金發愁。結果李嘉誠順利完成合約，與歐洲大客戶合作愉快，公司名聲大振，塑膠花產品在歐洲一家獨大。一九五八年，長江工業有限公司營業額高達一千多萬港元，純利超過一百萬港元，當時李嘉誠只有三十歲，厲害！

在此我想插一筆。一些資料說李嘉誠在一九五六年——即是還未認識上述這位歐洲客戶——已相當富有，購買百達翡麗（Patek Philippe）手錶。我覺得這個論據有點滑稽，買名牌手錶有多了不起呢？另外一個論據是說他買了遊艇。關於這點我抱有很大的疑問，須知在五、六十年代，沒有多少香港的富豪購買遊艇，皆因中國人覺得行船跑馬三分險，不喜歡出海，買遊艇幹甚麼？那是外國富豪才喜歡的玩意。我在一九七八年曾經登上馮景禧的遊艇，其實是木船，嚴格來說甚至是漁船，用大眼雞改裝，設備極簡陋。後來香港的富豪才開始窮奢極侈，私人飛機和意大利遊艇成為標準配備。因此，我對李嘉誠在五十年代已經購買遊艇一說相當懷疑。

説回李嘉誠壟斷歐洲的塑膠花市場，令他年紀輕輕，已真的富起來了。他的成功固然有很多因素，例如他勤奮、堅毅、待人處事技巧高明……但有一點十分重要的，便是非常幸運。我曾説一個人真要極成功，需要三大因素，一是聰明，二是專注，三是非常幸運，缺一不可。回顧李嘉誠這位奇才早年做生意的經歷，由借錢設廠、清還欠債、學做塑膠花、簽下歐洲大客戶……我真的覺得他非常幸運，才能逢凶化吉，過了一關又一關。他在晚年時説：「二十歲至三十歲之間，事業已有些基礎，那十年的成功，百分之十靠運氣好，百分之九十仍是由勤奮得來。三十歲之後，機會的比率也漸漸提高；到現在，運氣差不多要佔三至四成了。」我覺得他將幸運的比例説得太少了，二十歲至三十歲之間起碼有百分之三十；成為首富，幸運成分更佔了百分之九十以上。好像他這麼勤力、聰明和專注的人不少，我也見過一些，但只有他可以成為華人商界第一人，實在非常幸運。

（三）塑膠花大王

李嘉誠雄霸了香港和歐洲的塑膠花市場，便將目標瞄準北美的土地。他十分進取，印製了精美的產品宣傳畫冊，寄給北美的貿易公司，還會打電話跟進情況。一家北美大型貿易公司看了宣傳畫冊後，跟李嘉誠聯絡，説選購部經理會在一星期後抵達香港，考察工廠及選購樣品，更要求李嘉誠陪同走訪其他廠家。李嘉誠知道這間大型貿易公司的銷售網絡遍布美國和加拿大，絕對是長江工業產品進軍北美的關鍵，簡直大喜過望，當然歡迎對方到來。不過李嘉誠同時也很緊張，皆因長江工業工廠的格局和規模很普通，甚至仍帶有山寨廠的味道，對方看到不皺眉才怪；而且對方明言要求自己一起到其他廠家參觀，所謂人比人，氣死人，那麼廠比廠，豈非輸死廠？哪有可能贏得對方青眼，成功開展合作關係呢？

換了是其他人，或許會心存僥倖，幻想客戶可能不計較門面，只要產品質素好，還是有機會搶灘成功，但李嘉誠沒有。他在極短時間內租下西環士美菲路一幢五層高樓房的其中三層，大約佔地一萬平方呎，並為舊廠房退租，將舊廠房的機器和設備搬過來，以及新購入一百多部塑膠機，在六日六夜之內完成了一個全新的廠房出來，規模比舊廠房大一倍，而且全部機器可以正常運作，不是只得空殼。在這六日六夜，他每天只睡三至四小時，將不可能變成可能。這種魄力實在太驚人，不得不佩服他。

到了第七天，李嘉誠親自駕車去機場迎接北美大型貿易公司的選購部經理，將他載到長江工業的新工廠參觀。選購部經理仔細審視工廠的規模、管理、生序的工序、貨品和清潔程度等各方面後，非常滿意，也不想再去其他工廠參觀了。李嘉誠陪他吃飯，到處逛，又載他回酒店休息，全方位服侍周到。我認識一些工廠老闆也是這樣，每逢有外地買辦來港，都是全程陪伴，用最高規格接待，因為基本上只要買辦滿意，便等於成功接下生意了。結果這間北美大型貿易公司真的成為長江工業的大客戶，每年的訂單高達數以百萬美元，在當時非常震撼。美國和加拿大不知有多少家庭用李嘉誠出品的塑膠花做擺設，真是遍地開花。可以肯定李嘉誠因贏得這位大客戶的歡心，所以真正發達了。另外其他國家如日本和西德等對塑膠花的需求亦增加。香港是全世界最大的塑膠花來源地，佔全世界塑膠花貿易百分之八十。李嘉誠正式成為「塑膠花大王」，被推選為香港潮聯塑膠製造業商會主席。

1958 年，李嘉誠在北角買地興建樓高十二層的長江工業大廈，正式涉足地產市場。

一九五八年，李嘉誠在北角買了一塊地，開始興建樓高十二層的長江工業大廈，正式涉足地產市場。他真是三十而立，不過人家立室是建立家室，他的立室是起高樓大廈。至於他的成家立室真是望穿秋水，我會在下一章細說。

第五章

李嘉誠的婚姻與愛情

一、李嘉誠和莊月明的婚姻

五十年代，李嘉誠已成為富人，也有名氣，但他的人生存在重大的遺漏，就像拼圖暫時沒了一塊，便是婚姻。

眾所周知，李嘉誠一生人唯一的妻子是莊月明，也就是他的表妹。莊靜庵做生意很成功，所以莊月明出身富有，自小備受父母寵愛，接受良好的教育，可說是天之驕女。李嘉誠十二歲時，隨父親投靠舅舅家，當時相當落魄，骨瘦如柴，但李嘉誠的頭比較大，在潮州唸小學時便被同學稱呼為「李大頭」或「大頭誠」，可見大頭是他的標誌。我想當時他的外觀比例不太好看，頭大身小，當然身小是因為常常吃不飽。那個年代生活在中國大陸的人，真是說多了都是淚。以童年來說，李嘉誠和莊月明可說是一個地下，一個天上，不過莊月明並未有看不起表哥，反而天天會帶些食物送給他吃，直到李嘉誠覺得這樣接受表妹贈予的食物不好，堅決拒絕再吃才作罷。用今天的話來說，莊月明沒有「港女」的拜金主義，頗為難得。

莊月明跟家庭教師學了一年英語，然後進入教會辦的英文書院唸書，所以她的英文程度很好。李嘉誠自小在潮州唸書，只懂潮州話，來到香港後讀初中，上課時根本聽不懂老師說甚麼，急需惡補廣東話和英文，年僅八歲的莊月明便成了表哥的小老師。那表哥拿甚麼回饋表妹呢？李嘉誠的國學根底好，便教莊月明詩詞歌賦和古文，又會說很多中國古代的故事給莊月明聽。二人見面和相處的時間多，一年一年長大，互相喜歡上對方是很自然的事。

我在上文已說過李嘉誠在中南鐘錶公司工作時，被莊靜庵發現大女兒與李嘉誠的情意，棒打鴛鴦，因此李嘉誠不得不離職。那時莊月明大約十三四歲，正值青春期，在英華女學校唸書。這對情侶怎樣呢？通常越受壓迫的愛情越堅定，尤其少男少女總會覺得自己是苦情戲的主角，以為不經一番寒徹骨，焉得梅花撲鼻香[13]？我相信二人最初或許會有些顧忌，避免碰面，但一定會保持聯絡，後來當然有空便會偷偷見面，但具體情況無從得知。李嘉誠借錢創辦長江塑膠廠，莊靜庵應是其中的最大債權人，期間莊月明有沒有開口叫父親幫忙？我想未必，那是一九五零年，莊月明十八歲，沒有男朋友，如果讓父親知道自己仍這麼關心李嘉誠，那豈非乖乖不得了，莊靜庵反而不會借錢的。直到一九五七年，歐洲大客戶需要

13 見黃蘗禪師《上堂開示頌》。

李嘉誠找擔保人，莊月明見此一時彼一時，才幫忙開口，雖然最終失望而回。

李嘉誠成為塑膠花大王，事業有聲有色之際，莊月明正在香港大學文學院唸書，主修英文，一九六一年畢業。同時，國學大師饒宗頤與莊靜庵相識多年，看著莊月明長大，將莊月明收為關門弟子，所以莊月明兼修國學。莊月明每星期最少會去探望李嘉誠一次，在趕交功課或考試時分身乏術，無法前往，便會打電話給李嘉誠聊天。可以說自從李嘉誠離開中南鐘錶公司後，二人不但從未忘情，而且情意越來越濃。我猜想二人最初是以地下情方式發展，之後轉為半公開，後來完全公開。莊靜庵仍然極力反對二人的愛情，所以多次向莊月明介紹不同的相親對象，全部都是極品，既有負笈歐美、成績標青的才子，又有溫文敦厚、細心體貼的公子，不過莊月明眼裏怎會容得下其他人？她在香港大學畢業時，已經二十九歲，仍然未結婚，在那個年代來說絕對是奇葩；尤其她是大家閨秀，出身名門，父親已成香港鐘錶界的老行尊，自己學歷又高，如果只想要一段婚姻的話，我相信無數名門公子都想娶她。不過莊月明對李嘉誠一心一意，也懶理世俗眼光。我覺得從這一點來說，她頗為瀟洒，堪稱女中豪傑。

莊靜庵有沒有被女兒對愛情的忠貞感動呢？我認為沒有，否則他不會在莊月明從香港大學畢業後，再送她到日本明治大學唸書。他要女兒東渡日本，醉翁之意不在進修，是想莊月明和李嘉誠分隔兩地，讓感情變淡。何況當時李嘉誠已經事業有成，長得又相當不錯，簡直是年少英俊，一定是很多異性的目標，誰能保證他不會動心？只要他移情別戀，一切問題便都解決了。從另一方面來說，也可以印證最初莊靜庵反對二人的戀情，主要並非因為李嘉誠是窮小子，和莊家門不當戶不對，而是因為二人是近親。

誰知莊靜庵的如意算盤打不響，李嘉誠就是沒有對其他人動心，莊月明也是倔強到底，總之二人非君不嫁，非卿不娶。這樣一直拖到一九六三年，李嘉誠已經三十五歲，莊月明三十一歲。那個年代的人絕少年紀這麼大仍未結婚，已變成現在所說的「剩男」和「剩女」了，再這樣拖下去怎麼辦？結果莊靜庵屈服，讓莊月明回香港。李嘉誠母親莊碧琴也無可奈何，同意二人在一起。

李嘉誠花六十三萬購買一幢別墅，即是居住至今的深水灣道七十九號大宅，準備迎娶莊家大小姐。當時很少華人會住別墅，李嘉誠又一向節儉，如此大手筆，一來歡喜若狂，二來不想莊月明委屈，三來不想被莊靜庵看輕。

李嘉誠當年斥資63萬購入深水灣道七十九號別墅迎娶莊月明。

半年後，也就是一九六三年四月二十七日，李嘉誠和莊月明終於結婚，苦戀接近二十年修成正果。兩情相悅的人要等待這麼多年才可以在一起，雙方都抵住長輩壓力和外界眼光，堅定不移，所以我才說二人的愛情可歌可泣。自此，莊靜庵和李嘉誠的關係不單是舅父和外甥，也是岳父和女婿。

婚後，莊月明加入長江工業有限公司，幫助丈夫的事業。一九六四年八月一日，二人的長子李澤鉅出生。一九六六年十一月八日，次子李澤楷出生。

李嘉誠開拓長江實業的商業王國，莊月明一直幫忙打理業務，也會出席公司的股東大會，不過她很低調，一直不接受採訪。我想她真的愛極李嘉誠，加上她本來就是富家小姐出身，不像一些突然有錢的女人般，惟恐全世界不知她嫁了一個富有的丈夫，因此完全沒有炫耀的意欲，總之丈夫開心，她便會開心。

不過，到了八十年代，亦即長江實業收購了和記黃埔（可參閱第六章〈富甲天下之路．長實蛇吞象和黃〉）後，莊月明開始淡出公司，連股東大會也不見蹤影。有人估計是莊月明健康狀況出了問題。我不知道當時她的身體怎樣，但我認為主要原因是她不時去美國照顧兩個兒子。八十年代，李澤鉅在聖保羅男女中學畢業，之後到美國史丹福大學唸書；李澤楷則在聖保羅男女中學唸至中二，一九七九年去美國入讀 Menlo Park High School。莊月明跟兩個兒子的關係很好，尤其和李澤楷母子情深，放心不下，所以不時去了美國照顧他們。值得注意的是自一九七六年起，李嘉誠和其中一位紅顏知己馮佩明在一起（我在下文會提及），以女人觀察力和第六感之強，莊月明應該已經有所發現，當然很不開心；既然兩個兒子都去了美國，獨守深水灣大宅更加寂寞，不如去美國探望他們較好。李嘉誠正在香港建立霸業，忙碌至極，當然不可能常常去美國，因此和兩個兒子的關係比較疏遠。

我想順道説如果夫婦分隔兩地，通常很難維繫感情。我認識不少夫婦為了移民，做妻子的和小孩住在外地，做丈夫的則做太空人，在香港和外地兩邊走，結果離婚收場。當然更恐怖的是丈夫在內地工作及居住，周末才回香港跟太太團聚，最終百分之九十九點九都會在內地有另一個女人，另置一頭家，左右逢源，或者離婚；尤其如果丈夫在上海，太太在香港，簡直沒命，皆因上海的女人魅力四射，又有手段，男人真的很難招架得來。因此，有一些女人堅拒與丈夫分隔兩地，防患於未然，例如我太太便是模範，足以開班授徒。一九八九年，我在家人的壓力之下申請移民加拿大，一九九一年獲批。由於我實在完全不想離開香港，便跟我太太説，不如她先去，我隨後再來。可是，無論當時我如何使盡三寸不爛之舌，軟硬兼施，我太太始終不肯答應。最後我將入境簽證撕掉，我太太仍然面不改容，不動如山，非常厲害。

其實除了紅顏知己之外，八十年代開始，坊間不斷傳出李嘉誠和女明星的緋聞。先不說這些緋聞是真是假，只說常理，李嘉誠有緋聞絕不奇怪。他對妻子真心，也疼愛兩個兒子，但他是一個男人，而且是一個名成利就的男人，自然惹來各式各樣的誘惑。那時坊間盛傳李嘉誠和一位陳姓女星的緋聞；然後又傳李嘉誠和某位女明星在一起時，出手非常闊綽，開了一張沒有寫金額的支票給對方，結果那女明星填三千萬，被銀行拒絕兌現，原因當然是銀行看見金額這麼大的支票，必需先跟李嘉誠確認。我不知道這些緋聞和傳言是真是假，只是當日江湖上的確傳得言之鑿鑿。

另外，我跟一個在長實工作的高級職員稔熟，曾聽他說李嘉誠的一些逸事。他告訴我道，每年香港小姐選舉前夕，其中一位經常擔任香港小姐比賽的司儀便會打電話給李嘉誠，讚賞哪些佳麗優秀，意圖介紹給李嘉誠。我完全不清楚這個高級職員是不是胡說八道，只知道他是能夠直接跟李嘉誠說話的人物，有時會聽到李嘉誠說電話。

說回李嘉誠和莊月明。一九八九年十二月三十一日除夕夜，李嘉誠和莊月明出席在君悅酒店舉行的迎新宴會，還開開心心地讓傳媒拍了不少照片。怎料一九九零年一月一日，亦即宴會後第二天下午，莊月明在旭龢道威都閣頂層的複式單位寓所內死亡，享年五十六歲。到了第二天，李家才公布莊月明的死訊，死因是心臟病發。

莊月明猝死，人們紛紛提出問題：為甚麼李嘉誠和莊月明一起參加除夕宴會後，李嘉誠回深水灣道大宅，莊月明卻回旭龢道住所呢？是不是兩人感情出現問題，已經分居？為何李家要待一天之後才公布死訊？《壹周刊》更報道根據范沛鏘醫生簽署的死亡證，莊月明死因是血管爆裂。一時之間，傳言和謠言滿天飛。到了二零零三年七月，明窗出版社出版了《神話背後——李澤楷》一書，內容提及莊月明長期失眠，李澤楷認為她應該離開香港，避開令她不快的人和事，意有所指，令莊月明之死再度成為大眾話題。由於此書內容繪影繪聲，一度還被懷疑是李澤楷和莊氏家族的人提供細節，不過後來李澤楷澄清該書跟他完全無關，他從來沒參與，書中內容亦和事實差距極大，猛烈批評該書作者不負責任。

我想說說當時我聽到的說法，以及我的判斷。據說李嘉誠接到莊月明出事的消息後，雖然十分驚惶，但仍保持冷靜，立即打電話給時任警務處長李君夏求助。李君夏趕到案發現場按下所有事，因此沒有走漏任何風聲。這不知是真是假。肯定的是後來李君夏從警務處長一職退下來，在退休前休假期間已加入長實工作，主管保安事務，更為李嘉誠組成啹喀兵保鑣隊。另外，莊月明猝逝後幾個月，我碰巧選擇租住威都閣。由於事件發生不久，所以我也有問管理員當時的情況怎樣，不過也問不出所以然，只是聽管理員說從沒見過李嘉誠來探望莊月明。另外，我認識在香港大學醫學院畢業的林孝文醫生，時常和他一起打撲克牌。他的太太是莊月華，亦即莊月明的妹妹，偶然會在我們開局時來探望丈夫，因此我認識了她。莊月華同樣在香港大學畢業，唸的是中文，成績優異，有時會和我閒談，說說當年在港大唸書時的種種。我聽她說過莊靜庵夫婦的居所在威都閣旁邊，莊月明幾乎每天都會去探望父母，非常孝順。因此，我肯定莊月明死前已和李嘉誠分居。

不過，究竟莊月明為何會猝逝呢？當時江湖盛傳莊月明自殺，原因是李嘉誠有一個很愛的女朋友——不是馮佩明，而是另一個女人，可是那女朋友不知是不是因為無法嫁給李嘉誠，結果死了。李嘉誠非常傷心，無法掩飾。莊月明又氣又苦，說她多年來和李嘉誠愛得這麼辛苦，最終排除萬難才修成正果，現在李嘉誠為另一個女人之死這麼傷心，不如她也選擇去了，看看李嘉誠是否也痛苦難當？結果服藥自殺。這個傳言可信嗎？當時許多人都相信是事實，我也不例外，然而到了今天，我認為是子虛烏有，難以置信，為甚麼呢？因為莊月明除了孝順之外，亦極重視兒子，充滿母愛，不會為了和丈夫鬥氣而自殺。那時李澤鉅二十六歲，李澤楷二十三歲，在工作上仍很稚嫩；而李嘉誠六十一歲，有紅顏知己，又有不知是不是真的緋聞，如果有女人為他生下一兒半女，李澤鉅和李澤楷將來會怎樣？因此，莊月明為了兩個兒子，決不會衝動自殺。何況我在上文也說了，莊月明和兩個兒子——特別是李澤楷——感情深厚，她怎麼捨得離開他們？所以現在我完全不相信莊月明自殺的說法；但我不敢說她有沒有濫藥或誤服藥物。她死前與李嘉誠出席晚宴，笑容燦爛，理論上不會在這麼短的時間內有很大的情緒起伏。當然她有可能因無法入睡或身體不舒服而服藥，但我們無從得知。

莊月明突然死去，對李澤楷造成非常大的打擊。有傳言說李澤楷極懷念母親，曾經忍不住在駕駛遊艇時衝上沙灘發洩。李澤鉅也很悲痛，但他比較內斂，反應沒有弟弟那麼大。李嘉誠深覺對不起莊月明，所以用各種方法紀念亡妻，例如為莊月明的墳墓花了很多心思，每年元旦必定前往拜祭，又以莊月明的名字為不同的建築物命名，譬如香港大學莊月明文娛中心、香港大學莊月明化學樓、香港大學莊月明物理樓、明愛莊月明中學、聖保羅男女中學李莊月明樓等。無論怎樣，李嘉誠和莊月明的婚姻就此突然中止了。

我從莊月華言談間感覺李澤鉅和李澤楷跟莊家的人關係很好，所以他們在莊月明死後，與莊家仍有密切來往。至於李嘉誠，可能一來太忙碌；二來不知怎樣再和莊家的人相處，勾起妻子早逝的傷心事；三來想起和莊靜庵多年來的恩恩怨怨，所以他比較少和莊家來往。有人跟我說，莊靜庵曾經託人轉告李嘉誠道：「你告訴他吧，我當年不是不想幫他，我都有我的困難，叫他不要再生氣了。」我不知這是真的還是假的，如果是前者，似乎莊靜庵和李嘉誠後來已經完全不會見面了。不過如莊靜庵次子莊學海在二零一三年嫁女，李嘉誠亦有親身到賀，因此李嘉誠和莊家整體上的關係應該仍是不錯。

順帶一提，那麼李嘉誠和原生家庭的關係又如何呢？李嘉誠當然孝順母親莊碧琴。一九八六年，莊碧琴離世。李嘉誠為母親舉辦了隆重的追悼會，又在跑馬地興建「李嘉誠護老院」，為亡母設置靈堂，供奉靈位。至於李嘉誠和弟妹在成年後，關係應該不是太密切。李嘉誠絕對是「長兄為父」，在父親死後負責賺錢，養大了弟弟李嘉昭和妹妹李素娟（另一名弟弟李嘉宣早逝）。不過，李嘉昭應該不是一個有雄心壯志的人，所以長大後一直默默無聞，跟李嘉誠似乎也沒有甚麼交集，早已去世了。至於李素娟則很勤力，在李嘉誠經營工廠時，到工廠幫忙和學習，因此學會了如何管理一家工廠。後來李嘉誠轉型做房地產，李素娟便開了一家塑膠廠，自己做老闆，直到六、七十歲仍然堅持每天工作十多小時，甚有李嘉誠勤力的作風，也積累了逾億身家，成為低調的女富翁。然而李素娟應該也沒有跟李嘉誠有太多往來。

二、李嘉誠的紅顏知己

「妻子豈應關大計，英雄無奈是多情。」[14] 李嘉誠曾對莊月明承諾一生只愛她一人，不過後來他有兩位紅顏知己，分別是馮佩明和周凱旋。現在人們談論李嘉誠的紅顏知己，大多只知周凱旋，其實周凱旋是後來者，馮佩明是先頭部隊，二人雙雙抵壘，直到現在仍穩佔誠池。

[14] 見吳偉業《圓圓曲》。

根據報道，李嘉誠和馮佩明在一九七五年底認識，一九七六年開始在一起，當時莊月明仍在生。李嘉誠幾經艱苦才得以和莊月明結婚，卻有了紅顏知己，是否如《釵頭鳳．紅酥手》般所寫「錯、錯、錯」[15]呢？李嘉誠固然違背對莊月明的承諾，不過根據男人的天性，縱使很愛一個人，都很難控制自己不對其他女人產生興趣，並付諸行動。這我要替李嘉誠說說公道話。如果一個男人有機會與其他女人共赴巫山，又沒有後續麻煩，要他坐懷不亂，實在太勉為其難，不切實際；假如能夠做到，成龍也會做和尚。至於那些一夕歡愉的體驗更不消說，男人的性和愛可以分開，事後動真情的機會跟中六合彩頭獎一樣，難、難、難！

我的長期讀者和網友都知道我很喜歡談演化心理學，在此我也用演化心理學說一說。一個男人一生一世只愛一個女人的話，其實是一種病態，即是本能出現問題。以男女之愛來說，愛一個人是有期限的，男人大約可維持一年半至兩年，女人大約是四年，之後便轉成感情。不過，有些人的男女之愛可以超過這個期限，李嘉誠和莊月明的愛情便是一例，不然不可能苦等二十年才共諧連理；少數人甚至陷入一生，變成執迷。打個比喻，任何人小時候都會有喜歡的東西或喜歡做的事，例如你小時候很喜歡踢足球，隨著年歲漸長，興趣便會漸漸減退；但有些人終其一生也熱愛踢足球，幸運的甚至曾當上職業足球員。我曾在 YouTube 影片〈薾生分析女生的幾大類型！溝仔溝女第六講〉中，因應不同女性對伴侶的態度，將女

15 宋代陸游所作，全文為：「紅酥手，黃縢酒，滿城春色宮牆柳。東風惡，歡情薄。一懷愁緒，幾年離索。錯、錯、錯。春如舊，人空瘦，淚痕紅浥鮫綃透。桃花落，閒池閣。山盟雖在，錦書難託。莫、莫、莫！」

性比喻為不同品種的狗，其實粗略來說，也可將男性比喻為兩大類狗，便是播種狗和痴情狗。播種狗會有很多對象，廣而播之；痴情狗則只鍾愛一人，園裏萬紫千紅，眼中唯有一株。男性天生是播種狗，痴情狗是變種。痴情狗非常稀有，極受女性歡迎，只要其他條件正常，便是女人搶奪的對象，所以痴情狗可以好好挑選終身伴侶，有利於傳宗接代，等於在遺傳學上具有一定程度的優勢，因此痴情狗的比例也增加了。

說說李嘉誠的兩位紅顏知己。

首先是馮佩明。她如何結識李嘉誠呢？傳媒報道有不同的版本，一種說法是一九七五年，她隨姊姊參加公司的聖誕派對，認識了李嘉誠，半年後兩人開展關係；另外一些說法則是富豪們開遊艇派對，其中一位富豪帶馮佩明上船，因此與李嘉誠結緣，之後更獲李嘉誠親自聘請到長實工作，成為李嘉誠的私人秘書。我相信李嘉誠就算不是對馮佩明一見鍾情，也非常有好感。當時李嘉誠約四十八歲，馮佩明約十八歲，可見那時李嘉誠喜歡年輕女子，當然也不排除李嘉誠出現中年危機，想找比較年輕的女孩去證明自己依然存有男性魅力。這我跟李嘉誠不同，如果我四十多歲時找女朋友，對象起碼大約要三十歲左右，太年輕的話，我覺得溝通不來。

我很早便知道馮佩明跟李嘉誠的關係。馮佩明出身小康之家，在聖心商科書院畢業，但在八十年代時，她有本事與姊姊馮佩玲合資經營真富發展證券公司及耀亮投資公司，行內人都知道真正的老闆是李嘉誠。真富發展買賣樓宇，無論是豪宅嘉雲臺、半山梅道一號、地利根德里世紀大廈，抑或平民屋苑麗港城，大多都是用現金付全款，不用按揭，可見李嘉誠對馮佩明不錯。傳聞九十年代初李嘉誠認識周凱旋後，曾和馮佩明疏遠，不過後來二人還是在一起。

馮佩明為人低調，年輕時悉心打扮，愛開名車，但近十多年來篤信佛教，做很多善事，甘於淡泊。李嘉誠這麼富貴，要甚麼女人都隨心所欲，但要成為他的紅顏知己，還要持續四十多年「聖眷不衰」，首先當然要合他眼緣，其次有共同的話題和價值觀（例如相同的宗教信仰和行善積德），還有必須懂得低調，而且要貫徹始終，控制自己不張揚，不大嘴巴。馮佩明能夠留在李嘉誠身邊這麼多年，當然是非常稱職的紅顏知己。

眾所周知，李嘉誠的第二位紅顏知己是周凱旋。周凱旋的祖父叫周昌原，開辦雜貨店。那個年代不少人開雜貨店，經營有道的話，甚至可以發財，例如新鴻基創辦人郭得勝最初也是開雜貨店，之後漸漸累積財富。周昌原也將雜貨店辦得有聲有色，賺了不少錢，然後購買房產。可是，周凱旋的父親周志華是敗家子，在周昌原死後分家產，經營不同的生意，屢戰屢敗，賠了很多錢。周凱旋在一九六零年（亦有說是一九六一年）於香港出生，大約十年後，父親便丟棄妻子、周凱旋、她哥哥和弟弟四口，捲鋪蓋逃去美國，無影無蹤。

不過，周凱旋自小便很機靈，精力過人，沒有因此自卑，更進入拔萃女書院唸書，會參演話劇，又打曲棍球和游泳，所以成為校內的風頭躉。她的成績普通，畢業後前往澳洲升讀新南威爾士大學。周凱旋父系那邊的家人不願支付她讀大學的學費，令周凱旋非常不悅，雙方因此疏遠，後來周凱旋的叔叔致電聯絡她，不想彼此關係太僵，但周凱旋不接電話，也不願回覆。

周凱旋在三十多歲才認識李嘉誠。李嘉誠比她年長三十三年，可見首富品味統一，找紅顏知己，起碼要跟自己相差三十歲才行。周凱旋樣貌如何？我覺得她五官端正，有點風韻，但談不上漂亮。她如何得到李嘉誠的歡心呢？主要原因是她的交際手腕和能力非常強大，目標清晰明確，不會錯過向上爬的機會。為甚麼我這樣說？看看她的經歷便知道了。七十年代末她中學畢業，趁暑假期間進入香港電台做見習 DJ，名不見經傳，但到了八十年代，她有膽子向徐克太太施南生自薦，說能幫新藝城將電影賣到歐洲地區，更因此和施南生結成好友。在施南生的介紹下，周凱旋認識了董建華的契表妹張培薇，很快又變成知己。張培薇不單曾遷入周凱旋位於堅尼地道帝景閣的家，又合組兩間公司「維港」及「維法」。一九九二年，維港公司為董建華家族與長實合作的北京東方廣場項目做顧問，結果周凱旋認識了李嘉誠。周凱旋目標明確，非常關心李嘉誠，有一次知道李嘉誠將要和某人開會，特地致電李嘉誠，說：「李生，小心啊，來和你開會的那位先生患了感冒。」李嘉誠縱橫江湖這麼多年，當然知道這種關懷非同一般。這種關心普通女子也可做到，但周凱旋豈只這點能耐？她在興建北京東方廣場期間四出奔走，親自解決大大小小的問題。舉例，廣場項目的那塊地皮涉及周邊十萬平方米，要順利完成的話，須遷走超過二十個國家部級單位、四十餘個市級單位、過百個區級單位，以及一千八百多戶居民，結果周凱旋不知用甚麼方法在五年內完成這種逆天的任務，一舉獲得港幣四億元佣金！她為了與內地官員打交道，會投其所好，如勤練書法和下圍棋。周凱旋的能力高，在公事上幫到李嘉誠的忙，與一般女人不同，自然在李嘉誠心中享有不同的地位。

此外，女人若想喜歡的男人喜歡自己，其中很重要的一點是投其所好，讓他覺得雙方投契，自然事半功倍。舉例，如果妳想追求的男人喜歡滑浪，妳一定要去學，最好還有一定的水準。假如他滑浪技術很厲害，妳可以陪他一起玩，讓他對妳刮目相看；若果他滑浪技巧只是一般，妳千萬不要顯得自己比他高明，傷了他的自尊心，必須自我掩飾，還倒過來要他教妳怎樣做才好。李嘉誠最大的興趣是甚麼？做生意賺錢！周凱旋可以陪他聊生意經，周遊列國去開會，利用自己的脈絡為李嘉誠牽線，排難解紛。此外，李嘉誠喜歡打高爾夫球、閱讀和做慈善，周凱旋也有這些嗜好。明白李嘉誠為何會喜歡周凱旋了吧？

又，我覺得周凱旋在個性上也有與李嘉誠相似的地方。我已說過李嘉誠年輕時其志已不小，從他為工廠命名長江可見一斑；周凱旋同樣是一個野心勃勃的人。試想想她在北京東方廣場一役賺了四億，換著是其他人，相信馬上退休不幹，享受生活去了，但她不單繼續工作，還在一九九九年向李嘉誠提議成立 Tom.com，次年在港交所創業版上市。周凱旋只投資三十萬，成為第二大股東；大股東自然是李嘉誠。結果 Tom.com 股價一度狂升，令周凱旋身家暴漲，晉身百億女富豪行列。當然之後 Tom.com 基本上只蝕不賺，但足見周凱旋其人其志，與李嘉誠十分相似。

李嘉誠有沒有想過和周凱旋結婚呢？我相信他曾經認真考慮，而且傾向續弦。二零零六年，傳媒問李嘉誠會否再婚？李嘉誠先是否認，但緊接又轉口風說：「或者有一日我 change my mind」。我覺得他這樣說是放風聲試水溫，看看大家的反應，尤其想知道李澤楷會有甚麼想法。為甚麼呢？一直有傳李澤楷反對父親與周凱旋交往，而李澤楷和亡母的感情這麼好，若果有人接替莊月明的位置，他會怎樣呢？到底李澤楷有沒有私底下跟李嘉誠表明對他再婚的態度呢？我相信有，而李嘉誠直到現在也沒娶周凱旋，在將來的日子也不太可能會再婚吧？

馮佩明六十二歲，周凱旋六十歲，我相信李澤鉅和李澤楷除了為李嘉誠沒有再婚感到高興之外，也已對父親這兩段感情無畏無懼。在過去數十年，李澤鉅和李澤楷最大的噩夢，應該便是二女懷孕。

第六章

富甲天下之路

一、李嘉誠錯過戰後第一個地產上升浪潮

說回李嘉誠的事業。塑膠花固然令李嘉誠發達，但真正令他躋身富豪之列，甚至後來成為首富，當然是由他投資地產開始。不過，在香港戰後地產上升第一波中，李嘉誠根本沒有參與，說白一點，便是完全沒他這號人物。

六十年代以後，香港人口急速增長，李嘉誠能躋身富豪之列，與他進軍地產有密切的關係。

地產發展與人口息息相關，首先看看香港人口變化的大形勢。一九三六年，日本侵華在即，大批內地人已陸續湧來香港避難，之後日軍蹂躪多地，自然更多內地人逃到香港，李嘉誠也是此時來港。一九三六年，香港人口約八十四萬，到一九四一年淪陷前，已急增至一百六十萬。到了三年零八個月日治時期，香港人口暴跌至六十餘萬，到處殘破不堪。不過香港重光後，一來戰後嬰兒潮爆發，二

來內地國共兩黨打得砰砰嘭嘭，所以大批內地人又逃難來港，到了一九四九年中共建國時，香港人口已變成一百八十六萬。

一九五一年開始，內地與香港邊境全面實施管制[16]，已經觸發內地人逃港潮；之後內地實行全國上下土法大煉鋼[17]及人民公社[18]，餓莩遍地，逃港潮不斷，一九六二年飢民聽說「英女皇誕辰，香港邊境開放三天」的謠言，試過最多一天有八千人衝到深圳，不知算不算有史以來的紀錄，總之累計加起來達十萬之眾，最後有六萬人偷渡來港，非常誇張；加上香港人口自然增長，結果到了六十年代初，香港人口已達三百多萬。

人口增加，對房屋的需求自然上升。那時住房嚴重不足，無論是閣樓和樓梯底都有人居住，一家八口擠在一張床上並不是奇事。小時候，我在灣仔甚至看見有人將一塊木板放在靠窗地方，半塊在室內，半塊懸在室外，就這樣躺在木板上睡覺，真是非常嚇人，隨時睡死歸天。不過，那時百分之九十九的香港居民只會租房子，絕對沒有想過買樓。為甚麼呢？因為太貴了！以前香港的房地產是以整幢樓或一個地段的形式交易，起碼以數萬元計，但那時的打工一族月薪大約只有百多元，根本沒可能買樓，因此買賣房地產的，永遠都是一批有錢人。我小時候常常聽大人提起的其中一位富翁是郭春秧。他是福建人，十多歲時去印尼跟隨叔父學習經營生意，後來成為糖王。他在二十年代創辦了禎祥公司和禎祥地產公

16 一九五一年，港英政府刊憲實施《1951年邊境封閉區域命令》，凡進出邊境禁區或在該處停留的人，都需要持有通行證。

17 一九五七至一九五八年，毛澤東號召全民煉鋼，以圖在工業上取得大躍進，實現在十五年內超英趕美的目標。農村的人紛紛棄農煉鋼，還將家裏的鍋、鐵柄和鐵製工具等捐獻出來煉鋼，結果煉出來的鋼含有許多雜質，質量達不到要求，但因農事荒廢，造成糧食嚴重不足，因此發生了大飢荒，估計有千萬人因此死亡。

司，競投了北角發電廠旁的一塊土地，本來打算在填海後興建糖廠，後來因為糖價下跌，改為建樓收租，其中一條街獲港英政府命名為春秧街，真是十分威風。不過糖價持續下跌，終於令郭春秧的商業王國漸漸走向敗亡。他在一九三五年病逝台北，到日軍侵華時，本來在福建的產業全遭沒收。五十年代，他的兒子郭雙鼇、郭雙龍、郭雙麒一起經營亞洲最大的遊樂場「月園」，不過經營非常不善，欠下很多債務，結果被政府凍結營運，更沒收了母公司禎祥地產的動產和不動產，真是往事如煙。五十年代，我的父親也有點錢，在砵蘭街買了幾幢樓投資，之後陸續賣出去賺錢。我記得他最後賣的一幢樓大約八萬至十萬，如果我們一直持有至現在，每幢以數千萬計，真是做夢也會笑出來。

由於購買房地產成為少數人的玩意，所以在一九四七年，華資地產商鴻星營造有限公司老闆吳多泰推出尖沙咀山林道四十六至四十八號兩幢五層高樓宇時，創立「分層出售」的賣樓新模式，不再以一整幢發售，而是以一層層售賣，每層三房兩廳，結果在數日內便被一掃而空。到了一九五三年底，霍英東的立信公司興建油麻地四方街新樓盤項目前，想出了新招，便是首先收取買家的訂金，餘額分期支付，到新樓落成時清繳餘數，這樣一來既可以讓更多人參與買賣，令地產市場活躍；二來地產商可在動工前預先收取資金，減低投資風險。這招預售樓花的方式石破天驚，大大降低了買樓門檻，不同階層的人蜂湧到售樓處排隊買樓，

18 一九五八年，毛澤東下令建設人民公社，所有社員的財產充公，每人每月工作二十八天，由公社分配和安排。公社實行伙食供給制，即俗稱「大鍋飯」。結果，「大鍋飯」吃不飽，農事正常秩序又遭受破壞，再次發生飢荒，數以千萬計的人死亡。人民公社直到一九八四年才正式解體。

於是霍英東的四方街項目便快快便沽清了。

本來香港的住房就有真正需求，於是港英政府在一九五四年修訂《建築物條例》，放寬了土地用途及建築物最高五層的限制，因此樓宇向高發展。當然那時的樓宇未有現時的摩天大樓那麼宏偉，例如霍英東在一九五五年興建的蟾宮大廈只有十七層，但已經成為當時香港第一高樓。總之那時各大小地產商爭相起樓，預售樓花，加上買家炒賣，以及銀行插足地產業，提供按揭貸款，令地價和樓價大升。到了一九五七年，港英政府認為很多地產商其實並沒有充足的資本，但又預售樓花，對買家有一定程度的風險，於是頒布有關售賣樓花的新條例，例如規定地產商要預先向發展中的樓盤投資一定的金額，才可以售賣樓花；賣樓花得來的錢必須專款專用，不可以用作其他用途，以免樓花變成「爛尾樓」。結果那些實力不足的地產商買了不少地皮，又沒有錢可以投資去動工建樓，全部弄得焦頭爛額。地產市場成交亦因此冷卻下來，樓價在兩年之內大跌三成。

不過，這些都跟李嘉誠無關。李嘉誠直到一九五七年底簽下歐洲大客戶、開拓歐洲市場後，才有錢投資房地產。在戰後香港地產市場上升的第一個浪潮（一九四七至一九五七）中，李嘉誠未具備實力，完全錯過了，跟霍英東等完全不可同日而語。到了一九五八年，李嘉誠有錢當地產商初哥，但他在一九五八年至一九六零年的地產下跌周期，亦沒有投資住宅市場，而是著眼於興建工業大廈。一九五八年他處男下海，投資北角地皮，興建十二層高的長江工業大廈；一九六零年則在柴灣買地，興建兩座工業大廈，總樓面面積超過一百二十萬平方呎。李嘉誠的想法是怎樣呢？他的塑膠廠生意滔滔，但一直都是租用別人的工業大廈，似李嘉誠般不甘於屈居人下的人，想到人家是業主，自己是租客，這種主客之別肯定令他覺得豈有此理，滿不是滋味。興建工業大廈的話，一來以後自己作主，二來可滿足自用需要，三來將餘下部分出租，收取租金，待樓價上升，便可增加利潤。另外有一點不知跟李嘉誠決心興建工廠大廈有沒有關係，便是五十年代至六十年代之交，當時仍只是舅父，尚未成為外父的莊靜庵在西灣河開設了第一間中南鐘錶有限公司的廠房，轉型生產鋼料錶帶。李嘉誠會否因此受到刺激，決心也要興建廠房，跟莊靜庵看齊？正所謂用實力説話，李嘉誠是不是打從心底覺得自己都是工廠大廈的發展商，便更有底氣可以跟莊月明在一起？我很有興趣知道。

李嘉誠沒有在住宅市場下跌時加以投資，是好事還是壞事呢？表面上是壞事，因為自一九六零年開始，由於香港工業急促發展，成為亞洲四小龍之首，人們的收入大增，有能力購買住宅者更多，加上國際資金湧港，所以住宅樓價再次上揚。銀行不但貸款給地產商，自身也投資房地產；地產商炒賣地皮，興建樓宇；小市民炒售樓花，十分熾熱。可是，李嘉誠沒有作這方面的投資，無法賺錢。不過，實際上卻可能是好事，皆因一九六二年政府修改《建築物條例》，引入地盤覆蓋率、容積率和建築面積的規定，宣布會在一九六六年實施，令地產商搶著在條例生效前申請審批項目，一時之間供應大增，嚴重影響供求關係，銷售自然大受影響。李嘉誠沒有涉足，自然不用為這些事情煩惱。

二、李嘉誠跳樓？

（一）避過銀行劫難

李嘉誠由於初創長江塑膠廠時受到重大教訓，苦熬五年才將欠款還清，所以他自此不願冒險，行穩陣路線。他投資工業大廈，也盡量不向銀行做抵押貸款。

當時的香港銀行有甚麼特色？一個字：多！甚麼多？首先是分行多。一九四八年香港實施《銀行業條例》，一些實力不足或質素比較差的銀行被淘汰了，持牌銀行由一百四十三家減少至一九六零年的八十六家，不過銀行分行數目由最初一間至三間，增至一九六零年的三十八間[19]，雖未至於總有一間在附近，但遠較初時便利。

其次是存款多，如上文所述，本地經濟因工業起飛，以及世界資金湧入，因此存款數目節節上升。銀行為了爭奪生意，除了紛紛開設分行，當然是調高存款利率，例如一九六一年，匯豐銀行六至十二個月年期存款的利率便高達百分之六點五，渣打銀行、恒生銀行和永隆銀行如影隨形，立即提供同樣高的利率，總之各銀行搶存款搶個不亦樂乎。銀行得到存款，便借錢給地產商興建樓宇，賺取利息。

19 參考饒餘慶：《香港的銀行與貨幣》。

本來銀行這樣運作一直沒事，誰知在一九六一年六月，商界謠傳廖創興銀行創辦人、潮州幫大人物廖寶珊靠走私毒品賺了巨款，警方已經調查清楚此宗案件，要求廖寶珊半年內離港。之後，《真報》頭條作出有關報道，雖然沒有指名道姓，但人人都知指的是廖寶珊。於是客戶衝去廖創興銀行提取存款，出現擠提，三天之內總共提取了約三千萬。警方發聲明澄清謠言，兩間發鈔銀行滙豐和渣打亦表態支持廖創興銀行，之後擠提風波才平息，但廖寶珊受不住這個刺激，一個月後因腦溢血而死。後來廖創興銀行改組，才漸漸站穩陣腳，再重新出發。

1965年恆生銀行擠提，總行大堂被提款的人擠得水洩不通，人龍一直延伸到香港會所。

廖創興銀行擠提事件完結，到了一九六五年，香港銀行又發生大事件。首先是明德銀號大額投資房地產，但由一九六四年開始，房地產價格已急跌，因此明德銀號負債，結果因為無法兑現大客戶的支票而擠提，最後破產。之後出現骨牌效應，廣東信託商業銀行接力被擠提。廣東信託的規模比明德銀號大得多，因為在般含道有分行，距離我唸的聖保羅書院非常近，所以我在廣東信託也開設了一個戶口。銀行擠提時我十五歲，正在唸中四，戶口內有三、四十元，以當時每份報紙一毛、每碗雲吞麵三毛計算，其實戶口內的錢不算太少，但我實在不想趕去排隊提款，又覺得被老師或同學看見的話有點難為情，所以作罷。結果廣東信託破產。後來政府安排廣東信託的客戶分批取回存款，第一次我有去，不記得取回十三元或十六元幾角，總之不足全數，年少的我回到家中哭了一場，覺得自己不見了一大筆錢，哈哈！第二次大約是五、六年後，我可以取回十元，當時我二十一、二歲，正在香港大學唸書，又忙於約會和做兼職，所以我沒去取。之後每一次我收到取款通知，都沒有理會。其實正式算一算，如果我每一次都有去的話，可以取回的錢比我原本的存款還多！

當時的擠提風潮火燒連環船，遠東銀行、永隆銀行、嘉華銀行、道亨銀行及廣安銀行先後趕上風暴，但最震撼的一定是恒生銀行也出現擠提。其實恒生銀行被人惡意中傷，例如傳有高層人士曾被警方傳訊、副董事長郭贊已辭去職務，甚至有說那時美國對中國實施禁運，恒生銀行暗中和中國做生意，結果有兩艘船在美國被扣留，銀行即將出事云云，因此引發擠提。恒生銀行是當時最大的華資銀行，由林炳炎和何善衡等創立。林炳炎早在一九四九年過身，向何善衡託孤。何善衡的長子何子焯和我父親是中學同學，當時已是恒生銀行董事之一。當恒生銀行擠提時，我父親信心十足地跟我說：「恒生怎會有事？你去排隊提款，要多少錢都有，順道請你吃茶點都沒問題！」問題是世上所有銀行都是短借長貸，貸款不是可以即時收回來。當時恒生銀行存款總額高達五億，但單單在一九六五年四月上旬，已被提走最少二億元存款，四月五日那天更被提取八千萬，現金即將枯竭，不得不壯士斷臂，以五千一百萬將百分之五十一的股權售予滙豐銀行，藉此引進滙豐銀行作後盾，度過難關。滙豐銀行簡直是撿到寶，不但收購價超級划算，而且將最大的競爭對手收歸旗下，後來還靠恒生銀行賺了很多錢。何善衡曾為此痛哭兩晚，但他比較看得開，之後長期擔任恒生銀行董事長，一九八三年轉任名譽董事長，到一九九七年以九十七歲高齡逝世。

由於銀行接連出事，於是銀行大幅收緊房地產的貸款，以及匆忙向地產商追討欠款。不少地產商大叫救命，可是巨浪易襲，水泡難求，哪有人能夠伸出援手？最後許多過度進取的地產商周轉不靈，倒閉收場。

這邊廂地產界哀鴻遍野，那邊廂偏處工廈一隅的李嘉誠則靜觀其變。他一直奉行保守穩健的策略，之前有些地產界人士還覺得他不夠大膽，白白浪費發財機會，我想他在銀行擠提風暴後，一定為自己的英明和隱忍自鳴得意，畢竟這非常不容易。當然李嘉誠一向不喜歡在市場湊熱鬧，而是會靜待時機，把握低潮吸納心頭好。一九六七年，李嘉誠看好房地產市場，於是出手購入不少地皮，甚至動用工廠的資產（例如客人利用信用狀交付的訂金）去投資，誰知遇上六七暴動。

（二）不成功便跳樓？

一九六六年，中國大陸開始進行文化大革命，波及香港。一九六七年，左派在香港發動暴動，放火燒車、引爆土製炸彈、成立鬥委會、推行文宣、組織遊行、發動三罷（罷工、罷市和罷課）、火燒英國代辦處……一應俱全，還放火燒車，殺死商業電台節目主持人林彬[20]。當時全港亂七八糟，還盛傳中共即將以武力收回香港，嚇得有能力的人拋售物業套現，逃出香港，令房地產價格大跌，半山豪宅價格暴瀉約百分之七十，新落成的樓宇賣不出去，情況非常嚴重。不消說，李嘉誠在一九六三年購買作結婚之用的別墅、幾幢投資興建的工廠大廈及暴動前買入的地皮也大幅貶值了。

我在上文提過有關李嘉誠三次企圖跳樓的都市傳說。我猜第一次可能是創業初期遇到巨大危機時想過跳海；第二次應該也是經營工廠時期的事，但我無法推斷到底發生了甚麼事；有人說第三次便是六七暴動帶來的經營難關。

我聽一些做生意的朋友說，李嘉誠的長江工業

1967年5月，六七暴動爆發，當時有左派示威者向警察投擲石塊。

20 林彬在商業電台節目譴責左派暴徒暴行，結果在一九六七年八月二十四日駕車上班途中被人伏擊，林彬在車內被燒至重傷，送到醫院後死亡。

生意滔滔，每年賺錢以百萬計，加上他的信貸記錄很好，所以他能夠向銀行借到很多錢，進一步投資房地產。誰知香港發生暴動，百業大受影響，銀行恐慌，開始追收貸款。此外，暴動發生後，工人根本無法上班，如何能夠製造貨品交付客人？更糟糕的是信用狀的錢早就用來投資買地了，結果李嘉誠周轉不靈，山窮水盡。他們說那時李嘉誠去了澳門，準備跳樓。我問為何要山長水遠到澳門跳樓？他們說可能李嘉誠不想在本土跳，畢竟他對香港太有感情，捨不得跳。後來李嘉誠不知怎樣面對難關，總之最後他決定挺過去。他回香港後，跟銀行說不是他的信用出現問題，而是大環境使然，全港無人倖免，請給他一點時間處理。銀行見他說的也是事實，便暫緩向他追討借貸。幸好香港的暴動結束得比較快，李嘉誠的生意和資金鏈恢復，得以度過難關。

我認真思考了李嘉誠想跳樓的可能性，覺得不太可信，原因有三個：第一，李嘉誠畢竟以幹實業為主，塑膠花生意每年為他帶來七位數字的利潤，讓他源源不絕地注入地產市場，所以他的抗跌能力比一般人高得多；第二，自從他經過創業初期的重大危機後，極小心謹慎，一定會好好控制借貸比率，怎會向銀行借那麼多錢？而且他的信用不錯，屬於殷實商人，不會那麼容易被銀行追討貸款；第三，李嘉誠好不容易才和心愛的莊月明結婚數年，兩個兒子李澤鉅和李澤楷也已出世，尚在襁褓，怎捨得拋妻棄子？

無論如何，李嘉誠沒有在澳門跳樓，也沒在本土跳樓。他密切留意文化大革命和六七暴動的消息，又想中共是否真的準備以武力收回香港。李嘉誠細細思考，認為中共提前收回香港主權的機會不大，為甚麼呢？一九四九年中共建國，解放廣州[21]，當時解放軍已作好飲馬深圳河的準備，但被毛澤東制止了，後來周恩來明言中共在全國解放前已決定不去解放香港，要讓香港吸收外資，爭取外匯，成為大陸與國外經濟聯繫的基地，簡單來説就是「長期打算，充分利用」。經過十多年，證明香港的確發揮到這功能，相反當時國內一窮二白，中共又怎會突然決定收回香港？一九五零年朝鮮戰爭爆發，西方國家對大陸實施經濟封鎖和禁運，香港成為大陸對外貿易的唯一窗口，中共絕不敢胡來。後來的事實證明李嘉誠想法正確。毛澤東和周恩來根本不支持六七暴動，香港左派沒有大老闆加持，自覺再興風作浪實在太白痴，於是喪失興致。一九六七年底，暴動結束。

正因為暴動時間不算長，工廠只是停工了一段時間便重新運作，李嘉誠得以加快趕工，完成客人訂購的貨品，並接下新訂單，得到資金周轉。另外，李嘉誠在暴動前購入的地皮上興建物業，又將名下的工業大廈翻新出租，非常忙碌。不過李嘉誠並不孤單，有人與他站在同一陣線，便是郭德勝、李兆基和鄭裕彤等，都趁六七暴動以低價購入大量地皮和樓宇。兩三年後，房地產價格已快速上升，因此有膽在六七暴動前後入市的人通通大賺。雖然香港在一九七三年經歷股災，

21 一九四九年，國民黨軍隊和中共軍隊在廣州戰鬥，最終國軍敗退，中共軍隊佔領廣州。

恒生指數在一年多的時間暴跌超過百分之九十22，房地產價格也遭受重創，不少人傾家蕩產，甚至自殺，但李嘉誠、郭德勝、李兆基和鄭裕彤完全有實力度過這個低潮周期。到八十年代香港樓市和股市大升，這四人便躍升成為香港的大富豪，開拓家族地產王國。

事實上，能在今天成為香港最有錢的富豪，除了視乎公司發展的決策，便是取決於六七暴動前後的立場如何。舉例，鄭裕彤在暴動翌年購入很多地皮和物業，成為日後新世界發展有限公司的重大資本。再如霍英東，本來是香港地產的龍頭，富有得不得了。一九六五年港英政府向全世界招標，拍賣海軍船塢的地盤，即現在的金鐘地段，面積超過一百一十七萬平方呎。當時國際投資者看不清香港地產的形勢，沒有參與；華資商人中，只有霍英東一人有能力投標，可是後來政府以只有霍英東一人下標為由，決定不售賣地皮。我認識一位陪霍英東打網球的朋友，他說早在六七暴動的前一年山雨欲來，霍英東計算身家，希望盡快離港暫避，結果大約算了半年才把數字弄清楚，可想而知他多富有。霍英東終於在六七暴動前離港逃難，至暴動平息後才回來，沒有像李嘉誠般大手買入地皮和物業，一來一回，吃虧不少；另外他在一九六二年興建尖沙咀星光行，落成後招租時遭港英刻意刁難，包括美國駐港領事宣布不准星光行的租客買賣美國貨品，以及香港電話有限公司（由英資大東電報局控制）「忠告」租戶可能無法接通電話，迫

22 一九七三年三月九日，恒生指數由最高位一七七四點，瀉至次年十二月最低位的一五零點，跌幅達百分之九十一。

使霍英東將星光行賣給置地公司。一個富翁怎能跟一個政權鬥爭？之後霍英東幾乎絕跡香港地產市場，只持有少量長期投資物業。後來他的資產增長跟李嘉誠等不能相比，便是因為他不再參與投資香港物業市場之故。假如他在六七暴動後期或之後能夠大力發展房地產，根本天下無敵，原因是他原來的資本比誰都要豐厚，那時的李嘉誠完全沒法跟他相比。可惜一切只是如果，這便是霍英東最遺憾的地方。

三、長江實業上市

李嘉誠在一九七一年六月創辦長江地產有限公司，正式將公司發展重心由工業製造轉型為房地產。我早說李嘉誠這個人少有大志，經過這些年的成功，他更是壯志凌雲。他第一次召開長江地產的高層會議時，便說長江地產要以置地為目標，終有一天後來居上。置地公司是甚麼？是全港最大、全球三大之一的地產公司，雄霸中區最昂貴地段的物業，但李嘉誠在首次開會時便發出這種豪言壯語，實在語出驚人。秦始皇出巡，場面浩大，威風凜凜。項羽看見了，說：「彼可取而代也。」[23]李嘉誠就是有類似項羽般的志向。當時與會者聽得懂他的意思，便是長江地產終必執香港地產界的牛耳，無論華資或外資地產公司都要俯首稱臣。我想與會者當時一定覺得李嘉誠好大喜功，不切實際。

[23] 見《史記．項羽本紀》。

李嘉誠既然以置地為奮鬥對象，當然也學習置地以收租為主的發展方針。他把收取的租金投入興建新樓宇，再租出去，形成沒有太大風險的良性循環。一九七二年七月，長江地產易名為長江實業（集團）有限公司，籌備上市。

說到上市，我想談談當時的情況。一九六九年之前，任何公司想在香港上市的話，只能透過香港證券交易所（俗稱香港會）進行，因為沒有其他交易所。不過香港會充滿殖民地作風，基本上只讓外資大企業上市，出市代表又用英語溝通，華資公司想上市，或者不懂英語的人想買賣股票，幾乎是不可能的任務。好笑的是李福兆發現原來當時香港沒有監管成立交易所的法例，於是聯同王啟銘等十一人在一九六九年創辦遠東交易所（俗稱遠東會），會址在中環華人行二樓。遠東會運用兩招與香港會競爭，一是放寬上市條件，尤其歡迎華資公司；二是讓出市代表說廣東話，以廣東話與客戶進行交易。很快遠東會的成交金額便能夠與香港會分庭抗禮[24]，證明市場的需求，也反映香港會無法完全發揮證券交易所的功能，限制了香港的經濟發展。於是其他交易所便有充分的理由誕生：一九七一年成立金銀證券交易所（俗稱金銀會），以及一九七二年成立九龍證券交易所（俗稱九龍會），變成四會。港英政府見短短四年便創辦了三間新的交易所，女人生孩子也沒這麼密，赫然發現不能再這樣下去，於是公布《1973年證券交易所管制條例》（The Stock Exchange Control Ordinance），重罰經營未經認可的交易所人

24 一九七零年，遠東會的成交額達二十九億，佔香港股市總成交額百分之四十九。

士。於是，香港一直維持四會並行的局面，直到一九八六年，四會才正式合併，變成香港聯合交易所。

我在上文提過我在大和證券工作時認識了不少本地富豪，不過老實説，最初我不知道有李嘉誠這號人物。那時的他不算很有名氣，認識他的人以工業界和貿易界為主。雖然我小時候也曾穿塑膠花，但都是跟家人一起做做而已，沒有留意誰是塑膠花大王。要説當時有哪些赫赫有名的富豪，首先當然是包玉剛；霍英東自然也少不得；另外有老牌的嘉道里家族；新鴻基三劍俠，包括郭德勝、馮景

（資料圖片）李福兆聯同王啟銘等十一人，於 1969 年創辦遠東交易所，容許出市代表以廣東話與客戶進行交易，吸納了大量的華人客戶。（上圖）初期遠東會的交易情況。（下圖）

禧和李兆基，那時走在街上，很容易看見新鴻基地產的地盤；還有恒隆地產陳曾熙、大昌集團創辦人陳德泰、合和地產胡忠等。

李福兆創辦遠東會後，邀請本地富豪加入成為會員，其中一位便是李東海先生。李東海先生給我機會，與我一起創辦東泰證券公司，之後安排我到遠東會上課，聽李福兆講解香港股票的常識。我和其他曾經上堂的人都尊稱李福兆為「校長」。後來東泰證券公司在遠東會上市，我便在華人行負責買賣股票。遠東會設有玻璃窗，任何人都可以看到出市代表在內工作的情形，所以有「金魚缸」這個外號。那時股市十分興旺，金魚缸外天天人頭湧湧，插針難入。在這期間，長江實業籌備上市，我才知道李嘉誠是誰。

一九七二年十一月一日，長江實業成功掛牌，李嘉誠首次成為上市公司的主席。後來傳媒將五間名列前茅的華資地產公司稱為「地產五虎將」，長江實業是其一，其餘四將分別是新鴻基、新世界、合和、恒隆。讓我們比較地產五虎將的實力：

公司	上市日期	公開發行新股	招股價	集資	上市市值
長江實業	1972 年 11 月 1 日	1,050 萬股	$3	$3,150 萬	約 $1.26 億
合和實業	1972 年 8 月 21 日	2,500 萬股	$5	$1.25 億	約 $36 億（上市 1 年後）
新鴻基地產	1972 年 8 月 23 日	2,000 萬股	$5	$1 億（超額認購十倍）	約 $4 億
恒隆集團	1972 年 10 月 21 日	2,400 萬股	$8.5	$2.04 億	約 $35 億（上市 1 年後）
新世界發展	1972 年 11 月 23 日	9,675 萬股	$2	$1.935 億	約 $11 億

從上表可見地產五虎將上市時，長江實業的新股發行量最少，集資額只有新鴻基地產的三分之一——如果新鴻基公開發行新股的數量不是那麼少，能夠提供足額認購，集資額便達十億，那便幾乎是長江實業的三十倍！另外長江實業的集資額跟合和、恒隆和新世界同樣沒法相比——人家起碼過億，長江實業連半億也不夠。

事實上，當時長江實業的實力是五虎將中最差的。七十年代初，李嘉誠擁有接近三十五萬平方呎的收租物業，大部分是工業大廈，每年租金收入約三百九十萬元。不過，新世界發展擁有商業大廈、商住樓宇、住宅和商店等，每年租金收入約二千一百三十萬，較長江實業多四倍！可想而知，當時李嘉誠在五虎將諸人中的地位最低。

不過，李嘉誠轉型做地產真的十分重要。在他一生中，有幾大事業關鍵，第一當然是自己設廠；第二是不知怎樣學懂製造塑膠花，大做生意，成為塑膠花大王；第三一定是轉型做地產生意為主。七十年代初的地產市道十分暢旺，國際熱錢流入，而且中美兩國進行了乒乓外交；時任美國總統尼克遜（Richard Milhous Nixon）派時任國家安全事務助理基辛格（Henry Alfred Kissinger）秘密訪華，中美建交在望，也代表建立某程度的貿易關係在即，香港這個轉口貿易窗口自然有更多生意；加上內地文化大革命仍未完結，紅衛兵天天批鬥，爹娘姓甚麼也忘記了，只知有毛主席在，弄得人人惶惶不可終日，可以逃的都湧來香港，令香港人口大增。一九七一年，香港人口逾三百九十萬。人口多，住屋的需求自然大，所以樓宇價格和租金也節節上升。小業主笑逐顏開，如五虎將般的地產商更是財源滾滾來。

在此我插一筆説説當時的情況。由於住宅樓宇供不應求，因此在一九七三年，港英政府實施租務管制，規定戰前至一九八一年六月十九日前建成的舊樓的租金上限：兩年內不得高於市值租金百分之九十，另外加租幅度不得超過百分之三十等。結果怎樣？舊樓業主認為既然租金設限，將樓宇修葺或翻新也沒用，所以便不願投放資源，並盡量將空間租出去，以收取更多租金，這樣租客的居住環境自然好不到哪裏去。那時北角七姊妹道一百號和電器道交界有一幢舊樓，在日治時代被炸彈擲中，牆壁穿洞，破爛不堪，部分地方實在沒法居住，業主手上又沒有足夠的流動資金，於是我家決定租下來，並負責代為出錢維修。須知那時樓宇少，人口多，不是那麼容易找到出租的單位，所以才會出現這種由租客付修葺費的現象。我家租的是四樓的單位，面積超過一千平方呎，有兩廳三房、一間工人房，以及一廚一廁，最初月租八十元，後來先後幾次在符合租務管制的規定之下加租，最後月租為一百五十元。我們家將臨街的廳改建成房，全家人住在這些房中；然後將原本的三房、工人房、走廊全部分租出去，租金為頭房一百元，中間房一百二十元，尾大房一百四十元，工人房及走廊床位分別約數十元。計算下來，我們家每月的分租收入一共四百多元，減除繳交給業主的租金後，我們家除了賺了居住的地方，還賺了租金，用來幫補家計。後來我認識了業主的家人，他們笑說我家的租金實在太便宜，簡直養大了我家。

說回李嘉誠。由於地產市道勇不可當，地價和樓價不斷上升，加上當時股市氣氛熾熱，所以長江實業上市後，首年利潤便達到四千三百七十萬元，比上市時預期為一千二百五十萬的年度利

七十年代住宅供不應求，一家大小擠在一個床位比比皆是，地產市道可謂勇不可當。

潤高三點五倍。一九七三年，李嘉誠更將長江實業在倫敦掛牌上市。

四、長實後來居上兩大關鍵

長江實業在地產五虎將中敬陪末席，為甚麼能夠後來居上？這有兩個關鍵原因。

首先，李嘉誠非常捨得發行新股。一九七二及七三年頭，股票市場漲個不停，交投極旺，人人瘋狂買賣股票賺錢，簡直是上至達官貴人，下至販夫走卒，全民皆股，越買越漲，越漲越買，實現鼓足幹勁，力爭上游，多快好省地建設賺錢主義。結果怎樣？不消說自是泡沫爆破，出現大股災，樓價自然亦一起大跌，跌幅達百分之四十。當時全港愁雲慘霧，破產者不計其數，甚至自殺而死。李嘉誠認為任何事情都是循環的，低潮過後便會浴火重生，所以他在一九七三年先後五次發行新股，總數達三千一百六十八萬股；而且自己也進場認購，承諾三年不向公司領取股息，增強了人們認購的信心，於是新股成功發揮到集資的功能。

李嘉誠將集資所得購入地皮和物業，例如亞皆老街地盤、沙田市地段土地等，又收購泰偉有限公司，獲得該公司旗下的官塘中匯大廈。李嘉誠又配股給英資過江龍利獲家證券（Slater Walker Securities），以收購利獲家證券旗下都市地產公司百分之五十的股權。利獲家證券是著名的金融大鱷。一九七一年，我和其他同行看她用財技購買虎豹兄弟國際有限公司（Haw Par Brothers International

1987 年，長實與合和合作投得九龍灣工業地。（資料圖片）

Limited）[25]；在一九七二至一九七三年，又製造香港股市興旺的假象，加上當時有四會，以及其他因素，引得全港市民瘋狂買賣股票，導致七三股災。之後，利獲家證券出現資金問題，由配股所得的長江實業股票價格也大跌。結果長江實業付很少錢給利獲加，以購入都市地產餘下百分之五十的股權，變相完全取得都市地產擁有的勵精中心。換句話説，李嘉誠幾乎只是印股票，便將勵精中心印回來。我認識李嘉誠的臂膀盛頌聲。他由長江塑膠廠年代便開始為李嘉誠工作，後來官至長江實業董事副總經理。有一次，我和他吃飯，聽他提起利獲加證券一役，亢奮得不得了，説利獲加原本是過江龍，但來到香港，被李嘉誠活剝整層皮！

一九七四年，李嘉誠與加拿大帝國商業銀行合作，組成加拿大怡東財務有限公司，自己擔任董事長兼總經理，又在加拿大帝國商業銀行的保薦下，成功讓長江實業在加拿大溫哥華上市。這樣，李嘉誠又多了其他吸納資金的渠道。一九七五至一九八三年，李嘉誠繼續開開心心地在香港發行新股，多達八次，總數超過三億二千萬股，又進行供股等，吸取極多資金去投資房地產，例如：（一）與新鴻基和恒隆等合作，購入告士打道英美煙草公司原址，後來改建成伊利莎伯大廈和駱克大廈；（二）購入尖沙咀漢口道二號現在商業大廈全幢，改建成美輪大酒店，後來再成為現在的九龍酒店；（三）購入尖沙咀金巴利道二十五號現成商業大廈全部樓盤，改建成長利商業大廈；（四）購入屯門農地等。

25 虎豹兄弟國際有限公司由胡文虎家族後人胡清才等持有，在新加坡及馬來西亞上市，但胡清才不懂股票，加上公司生意經營不善，所以胡清才將公司股權出售給利獲家證券，公司落入外人之手。一九七二年，虎豹兄弟國際有限公司在香港上市，主席是T.C.Tarling。

在此順道説説李嘉誠的一個特色，便是他不太喜歡投地，傾向購買人家的地盤，或者與有地的公司合作。舉例，一九七五年，太古地產正籌備發展太古城，因為需要資金，加上不太確定香港地產發展走勢是否真的向好，所以傾向採用保守的策略，減持手上的貨源，於是出售半山賽西湖地盤。李嘉誠見機不可失，便花了八千五百萬元向太古地產購買這個地盤。那兒原本是水塘，李嘉誠將之填平了，建成賽西湖大廈出售，賺了毛利一點三億。當年我也有去看樓，環境很好，遍植樹木，又有許多開放空間，住的話應該很舒適，不過我沒有買。再舉另一個例子，李嘉誠與亨隆地產投資有限公司合作，發展中半山堅尼地道鳳凰閣，建成高級住宅大廈等。另外，他與南海紗廠、南沙紗廠、廣生行等合組聯營公司，發展對方持有的土地。後來李嘉誠成香港首富了，仍貫徹不太投地的特色。偶然他到賣地會場去，擎天一指，便會全港震動。

到了一九八一年底，長江實業市值已高達接近七十九億，較初上市時的一點二六億大幅上升超過六十二倍，在地產股中僅次於置地。長江實業起步後能夠那麼成功，與李嘉誠密密發售新股息息相關。有些上市公司董事會愛惜股票，覺得要等待股價高些才發行新股，但李嘉誠截然不同，印股票毫不留手，總之達到集資目的，又不會危害公司的管治權和財務狀況便可。

世上不是只有李嘉誠捨得印股票，但李嘉誠還有另一致勝關鍵，便是他能忍人之所不能忍，靜待時機。在一九七二至一九七三年初的股市狂潮中，人人是股神，李嘉誠始終冷眼旁觀，沒有炒賣股票去謀取利潤，在地產市場也沒有甚麼大動作。其實這也貫徹李嘉誠一向審慎的個性，不會輕易出手，因此他能夠保存實力，在之後大跌市時非但絲毫無損，更可乘機擴充。

至於其他四虎怎樣？恒隆集團在一九七二年上市後，馬上以一點一五億高價買入九龍旺角邵氏大廈和新華戲院，結果兩個物業交吉時已經發生股災了，令恒隆的資金調動不來，因此在股災後無法趁低價購入房地產。合和實業更悲慘，其實引發七三股災的其中一個原因，便是市場上出現了三張合和的假股票，嚇得小股民不知自己手上所持股票是真是假，出現恐慌性拋售，結果合和實業被香港會勒令停牌，以作調查。所謂屋漏兼逢連夜雨，當時合和持有百分之二十五股權的保利建築公司宣布破產清盤，合和自然蒙受損失，所以後來復牌後股價狂瀉，由一九七三年每股三十元，跌至一九七四年底的每股六毫半，幾乎翻不了身。當時全城市民提起合和，無不罵聲四起，怨念極重，簡直是人人得而誅之的氣勢。至於新世界發展，在股災前已忙於興建大型項目新世界中心，一九七三年又買入了薄扶林道一塊面積逾八十萬平方呎的地皮（後來建成碧瑤灣），因此資金也不是十分充裕。至於新鴻基地產利用上市資金買入了很多地皮，沒有大問題。正因為如此，長江實業和新鴻基地產在股災後脫穎而出。

五、李嘉誠一舉成名天下知

雖然長江實業乘風破浪，發展迅速，不過真正令李嘉誠聲名鵲起的，要等到一九七七年。一九七七年一月十四日，地鐵公開招標，地點是中環郵政總局舊址，以及金鐘站上蓋。中環和金鐘是甚麼地方？是全港政治和經濟的核心，即是香港最值錢之處，尤其郵政總局舊址在中環德輔道中，絕對是地王。老實說，之前長江實業購入的地皮和物業甚麼都有，就是沒有地王。何況，中環是置地的大本營，對這塊地王，置地志在必得。李嘉誠在成立長江實業時便放言要超越置地，這次正是挑戰的第一步。

李嘉誠有一個難能可貴的特點，便是他非常冷靜，就算他越來越成功，仍然不會被勝利沖昏頭腦。我見過不少人大起大落，背後當然有很多不同的原因，不過當中有些人是因為成功時變得驕傲了，過分自信，做出錯誤的判斷和決定，亢龍有悔。李嘉誠始終戒驕，我想這可能與他在成立長江塑膠廠初期遭遇的大難有關，時時刻刻牢記教訓。他在華資五虎將中冒出頭來了，但他沒有因此飄飄然，更不會自大至覺得長江實業人見人愛，而是仔細盤算如何才能中標。

中環畢打街郵政總局，1911年建成，1976年清拆。

其實當時除了置地之外，不少財團和地產商對這塊地王也是虎視眈眈，後來地鐵在截標後算一算，總共收到三十多份標書，其中當然包括置地，另外有太古地產、金門建築和恒隆地產等。總之當時地鐵就像為寶貝女兒比武招親，幾乎人人都覺得是走過場，內定女婿是置地。不過，李嘉誠偏要搶親。他是頂級推銷員，深知打動人心是推銷成功的關鍵，那麼今次如何打動地鐵的心呢？自然是因應地鐵的需求和心理制定標書。當時地鐵為了發展鐵路系統，用高息貸款的方法向港英政府買入地皮，又要補地價，資金短缺，可是港英政府只接受用現金還款，因此當時地鐵最需要的是現金。李嘉誠決定由長江實業用現金支付中環郵政總局舊址的補地價及建築費，方法自然是他已經非常純熟的招股；加上在一九七六年第四季時，大通銀行答應長實隨時可得到二億貸款；長江實業又有盈利儲備，這三項資金加起來，總共約四億，因此李嘉誠有把握應付。此外，李嘉誠表明如果長江實業投地成功，在上面興建商業大廈出售，會將利潤與地鐵分享，而且地鐵佔百分之五十一，長江實業佔百分之四十九。李嘉誠又答應將來項目落成後，由地鐵負責招標和管理，假如地鐵要求，長江實業才會參與協助。地鐵看到長江實業這份送禮式標書，簡直覺得是女婿的不二人選，決定讓長江實業中標！

一九七七年四月五日，各報章均大字報道長江實業擊敗置地，奪得地王一事。華資新興地產商挑戰英資巨擘成功，當然震動全港。長江實業名聲大震，李嘉誠一舉成名天下知，被譽為華資地產界的光輝。地鐵在地王上面興建中環站出口，長江實業則蓋建環球大廈。一九七八年五月，環球大廈開售，結果在短短八小時內銷售一空，總值達五億九千萬。同年八月，金鐘站上蓋物業海富中心開售，首日成交超過百分之九十，成交金額達九億八千萬。中環和金鐘這兩大物業交易都打破香港地產的記錄，為長江實業和地鐵帶來豐厚利潤。

不單如此，李嘉誠在一九七七四月簡直行運一條龍。他除了奪得地王之外，又完成了另一項重大收購。根據李嘉誠所説，當時有一天他出席酒會，碰巧聽到後面有兩個外國人談話。甲提起中環有一間高級酒店要出售，乙問賣家在何方？甲說在德州。李嘉誠馬上猜到甲說的是希爾頓酒店，在中環皇后大道中二號，又是頂級地段，隸屬美資永高公司。李嘉誠看好香港的酒店業，認為兩三年內租金會上升，而且賣家除了擁有希爾頓酒店，還有印尼峇里島的凱悦酒店；他評估縱使只得希爾頓酒店，已值得買這間公司，於是他馬上悄悄打電話

1995 年 5 月 1 日，希爾頓酒店正式結業，之後重建成今日的長江集團中心。

給公司內一個做稽核的董事。那人跟賣家的稽核友好，確認此事真確無誤。結果，酒會還未結束，李嘉誠已跑到永高公司的會計師行，跟負責人説要買希爾頓酒店。對方當然愕然，因為兩小時前才決定賣，公司內部的人也未必知，怎麼李嘉誠這個外人反而收到消息？到底是哪個大嘴巴洩漏出去？所以他便問李嘉誠怎會知道呢？李嘉誠是正人君子，自然不能説自己是偷聽回來的，最好的回答方法當然是笑而不答，一副莫測高深的先知模樣，令對方無法捉摸。由於李嘉誠反應靈敏，行動迅速，因此完全沒有競爭對手，不足一星期已成功收購永高公司，作價二億三千萬，開創華資公司吞併外資企業的先例。這筆交易極為成功，一年之後，長江實業的資產已增值一倍。

其實，我也試過去不少酒會，當然可能不是李嘉誠那種層次，因此我從來未試過在酒會上獲得類似這種寶貴的商業資訊。不過，我很好奇那兩個外國人的談話聲音有多大？這樣也會讓李嘉誠聽到二人的談話內容？可能兩人説英文，站在李嘉誠身後不遠處，以為沒人聽得懂，又説得隱晦，沒有言明是哪一所酒店，以為沒問題，誰知偏偏遇上剛剛，李嘉誠就是聽得懂，還要猜得到，可見他常常説要努力學好英文和汲取資訊，真是發自肺腑的金石良言。

長江實業物業面積變化一覽

年份	擁有物業（平方呎）
1972	約 350,000
1976	約 6,350,000
1977	約 10,200,000

六、重建華人行助攀上滙豐

遠東會以中環華人行作為基地。華人行早在一九二四年已經建成了，所以一九七二年我在華人行買賣股票時，已經覺得這幢建築物非常殘舊；如果拍攝恐怖電影，晚上在內取景，保證嚇至面青。每天我爬樓梯到遠東會，一來遠東會在二樓，行上去方便；二來華人行的電梯非常古舊，需要拉鐵閘，雖然有服務員負責，但我嫌麻煩，棄而不用。不過我曾乘坐電梯到九樓的大華飯店吃飯。華人行最初落成時，九樓已是酒家，大名南唐，到一九三零年才改為大華飯店。大華飯店是當時很有名氣的中式高級酒家，提供點心和粵菜，食物味道很好，午市時十分多人捧場。

一九七五年，李嘉誠從華人置業手中購入華人行，作價一億三千萬。當時我已不在華人行做交易員，但我肯定李嘉誠早晚會拆卸和重建華人行，皆因華人行除了舊之外，還十分矮小，九樓已是頂樓，如果建成新式的摩天大樓，可以賺很多錢。果然，到了一九七六年二月，李嘉誠開始拆卸華人行，準備興建全新的出租物業。正因為重建華人行，李嘉誠得以攀上滙豐銀行，成為他日後建立商業王國的重大關鍵。

滙豐銀行近十年股價不濟，但過往一百多年來，絕對在香港享負盛名。滙豐是香港最大的發鈔銀行，財力極雄厚，任何做生意的人都希望有機會跟滙豐合作，如果能夠認識滙豐大班，簡直光宗耀祖，説出來也覺得威風。一九七七年，沈弼（Michael Sandberg）成為滙豐大班。他看好華商將會崛起，特別注意屢創奇蹟的李嘉誠。沈弼與金融界名人勞汝福是好友，而勞汝福認識李嘉誠，將李嘉誠介紹給沈弼認識。

有人牽線固然非常重要，不過能否給沈弼留下良好的印象，建立合作關係，就要看李嘉誠的本事了。粗略來説，正經的生意人可以分為兩大類：一類擅長監督公司的實際操作，即是俗稱的「揼石仔」，需要逐步完成每一個項目，積少成多，令公司逐漸發展；另一類專門做交易，即是俗稱的「扯deal」，只要做到大交易，公司可以一夜之間變大。李嘉誠是頂級推銷員，能夠運用他的個人魅力令銷售成功。另外，李嘉誠懂得説英文，就算英文水平不是真的十分好，還有最強後盾莊月明，用流利英語幫助丈夫跟外國人溝通，毫無難度（據説莊月明曾擔任李嘉誠和沈弼的翻譯）。又，李嘉誠有多年做貿易的經驗，較擅長和外國人做交易，與其他老牌華資公司的老闆比較起來，當然較有利。我不知道沈弼和李嘉誠見面時的情況如何，總之結果是沈弼看過李嘉誠重建華人行的意向書後，決定和李嘉誠合作，重建華人行。

長江實業與滙豐銀行合組華豪有限公司，重建華人行。兩年多後，華人行已重建完畢，樓高二十二層，總面積約二十六萬平方呎。舊的華人行建築風格非常老舊，新的華人行使用新式商廈典型的玻璃幕牆，感覺當然煥然一新。一九七八年四月二十五日，新華人行正式啟用，沈弼也有出席。而長江實業總部原本位於北角長江大廈，早在三月二十三日遷入華人行辦公。長江實業進入中環這個核心商業地帶，等於直接到置地的大本營宣戰，深具象徵意義。

順帶一提，到了一九九九年，長江集團中心竣工，長實集團總部遷入辦公，直到現在仍是公司的大本營。

沈弼對這次與長江實業的合作感到非常滿意，認為李嘉誠做事效率高，實事求是。沈弼是匯豐銀行史上非常成功的大班，認為銀行就是要賺錢，李嘉誠的處事作風正好符合他的性格。不過，華人行一役後，沈弼首先做的，是阻撓李嘉誠的一個大計。

七、九龍倉收購戰敗陣

（一）沈弼出手助怡和

以前，香港有四大英資洋行，包括怡和、和記、太古、會德豐。最強大、最著名的當然是怡和（Jardine Matheson），由威廉渣甸（William Jardine）和占士馬地臣（James Matheson）在一八三二年七月一日於廣州創辦，當時香港還未開埠，所謂「未有香港，先有怡和」。到了十九世紀中後期，威廉渣甸侄女一系的人——威廉凱瑟克（William Keswick）成為怡和的大班。之後除了在一九七五至一九八三年由紐壁堅（David Newbigging）擔任大班外，怡和一直由凱瑟克家族（Keswick Family）後人掌舵，至今已是第五代主政。怡和在香港擁有甚麼資產？包括置地、港燈、牛奶公司、文華東方酒店，還有九龍倉等，全部都是一等一的公司。我做出市代表時，常常和同事們談起怡和，大家必定説怡和是無人能比的上市公司，Jardine is king。

當初李嘉誠成立長江實業，便矢言要挑戰置地，在短短五年間（一九七一至一九七五）已奪中環地王、攀上滙豐、進駐中環，已見長江後浪推前浪之勢。當時我認識的一些股壇中人甚至猜測長實股價終有一天會超越置地。更令人驚訝的，是李嘉誠不止挑戰置地，還跑去收購九龍倉。

九龍倉從事甚麼業務呢？以港口轉口業務為主，擁有深水碼頭、倉庫和露天貨場，又收購了天星小輪和香港電車，最重要是擁有珍貴的土地和房地產，尤其是九龍尖沙咀海旁的地皮，建有海港城，絕對是一大塊肥肉。一九六六年我考會考，海運大廈竣工不久，我貪那兒有無限量空調供應，晚上常常跑去唸書，離開時看到維港，真正心曠神怡。九龍倉的業務和資產都十分矜貴，與置地被合稱為怡和的「兩翼」。李嘉誠挑戰置地，又收購九龍倉，明顯要折斷怡和雙翼。我再三強調李嘉誠志存高遠，我想當時他已經不止要長江實業超越置地這麼簡單，而是要取代怡和的全港霸主地位。

不過，九龍倉為了籌集資金去發展海港城和海洋中心，又發行新股，又送紅股，之後又發行可換股債券和認股證債券，令股權非常分散，很多股票都在散戶手中。一九七八年一月末，九龍倉股價大約十二元，發行股數大約只得一億股，所以市值只是接近十二億。以她擁有的資產來說，這股價當然不合理。李嘉誠不知從哪兒收到消息，說怡和透過置地持有九龍倉不足百分之二十的股票，換言之，怡和只持有不足二千萬股，當然不知道有沒有透過有關連人士或橫手持有其他股票。後來有人說怡和其實只持有不足百分之十的九龍倉股票，可是當時李嘉誠沒有掌握這資訊。其實持股量不足是怡和的弱點，也是一些英國和美國上市公司的特點，跟中國人始終牢牢持有控股權很不一樣。無論如何，李嘉誠計算他有足夠的資金去購買百分之二十的九龍倉股票，成為最大股東，成功收購九龍倉。何況，當時九龍倉的股價這麼低，正是購買良機，所以他便悄悄出手，透過不同的戶口在市場上吸納九龍倉的股票，由十多元一直買至三十多元，總共約一千萬股，佔九龍倉大約百分之十的股權，價值約兩億四千萬。

都說這個世界沒有秘密，何況這樣密密收集散戶的股票？終於全香港都知道李嘉誠企圖收購九龍倉。不用多說，一時之間群情洶湧，熱烈地炒賣九龍倉股票。一九七八年三月，九龍倉股價急升至四十六元，創出歷史新高。怡和自然慌張，心想：「又是你？這個李嘉誠，專門找我麻煩！」奈何咒罵歸咒罵，現實歸現實，不然這世上也不會有這麼多痴男怨女。怡和唯今之計，便是搶購九龍倉股票，讓李嘉誠無法得逞。不過，怡和不單在香港發展業務，海外也有不少項目，因此現金不足，怎麼辦呢？自然要找滙豐求救，請滙豐念在大家都是英資同鄉，幫幫這個忙，擊退那可惡的李嘉誠。

結果，沈弼親自出面找李嘉誠談，勸他放棄收購九龍倉。李嘉誠見沈弼出手，一來不想跟滙豐及怡和兩大巨人同時結仇，二來經過華人行一役，知道沈弼對自己友善，印象不錯，如果今次不聽沈弼的忠告，之前攀上這位滙豐大班的努力很可能付諸流水，將來莫説難以得到這位神一般的男人的幫助，可能更會被他記恨針對，到時長江實業豈非糟糕？李嘉誠識時務者為俊傑，便答應沈弼的要求。沈弼見李嘉誠給足自己面子，感到非常滿意，對李嘉誠的印象更好。

劉邦崛起後，為了不和實力最強的西楚霸王項羽衝突，多次忍耐，如在鴻門宴中低聲下氣，稱王關中，不願得罪項羽，知所進退，最終得天下。李嘉誠就是有劉邦這種梟雄本色，該收手便收手，不會作無謂的意氣之爭。

接著，李嘉誠如何處理手上那些九龍倉股票呢？按理是賣回給怡和，狠狠賺怡和一筆，不過世事千變萬化，李嘉誠賣是賣了，卻是賣給包玉剛。

（二）李嘉誠、包玉剛合作

要數過去三、四十年香港最有錢的人，離不開三個名字：九十年代之前是包玉剛，九十年代之後則是李嘉誠和李兆基。現今年輕一輩可能沒有聽過包玉剛的名字，但應該知道吳光正是誰吧？吳光正是九龍倉集團前主席，也是包玉剛的女婿。吳光正這麼富有，都是因為繼承岳父部分的財產。

包玉剛這麼成功有兩個原因。首先，他贏在起跑線上。包玉剛生於一九一八年，浙江寧波人，較李嘉誠和李兆基年長十歲。他是包青天第二十九世孫，父親經商，雖然不是大富大貴，但家境不俗，所以包玉剛可以接受較良好的教育。包玉剛在建國之前一直留在內地，一九四九年初才和父親來香港，

李嘉誠奪得和黃，包玉剛則入主九龍倉。（資料圖片）

離開前在上海市銀行擔任副總經理兼業務部經理。李嘉誠來港時身無分文，包玉剛呢？與父親一起帶走數十萬積蓄！而且他在五十年代想經營航運生意時，資金不夠，最終竟然可以向日本的銀行成功借錢，籌集到七十七萬美元去開展夢想！我之前說過李嘉誠在五十年代要籌集港幣五萬元去開廠，最終還是要莊靜庵之助才成功，想想便知道李嘉誠跟包玉剛的差別到底有多大。

其次，包玉剛非常能幹。包玉剛經營航運時，全世界的航運公司都是採用短期出租的方式，即是有客戶需要啟航運送貨物了，便來航運公司租船，同時由航運公司提供船員、汽油及維修服務，能否完成那趟航程，管理得宜，便看客戶的本事，總之航運公司跟客戶每趟航程結算一次，租一次船便收一次錢。包玉剛覺得這樣風險太大，萬一沒有人租船怎辦？於是別出心裁，改用長期出租的方式租船，即是將自己的船以三年、五年或十年的方式租給客戶，按月收租，租金較其他航運公司低，就好像現在商舖業主將舖租給客戶，最起碼簽三年死約，保證收入（當然如果客戶逃掉另計）。不久以色列與埃及爆發戰爭[26]，船隻無法駛進已封鎖的蘇彝士運河，須繞道好望角，因此航運費用大升，船的租值也增加了，包玉剛賺了很多錢，足夠買下七艘新船，非常厲害。由於新船租值較高，便將新船租出去（絕大部分是日本客戶）；舊船則留給自己用。縱使戰爭結束後，航運業不景，但包玉剛憑包租方式賺取穩定收入。到了一九七零年，包玉剛已經可以與匯

26 一九五六年，以色列入侵加薩走廊和西奈半島，並向蘇彝士運河區推進。埃及封鎖蘇彝士運河，因此爆發戰爭。英國和法國因為利益關係支援以色列，最後在國際輿論壓力下，英、法停火，以色列撤出加薩走廊和西奈半島。

豐銀行合組環球船運投資有限公司，與滙豐成為商業夥伴的關係，那時李嘉誠仍只是一位有涉足地產的塑膠花大王而已。包玉剛管理和經營一流，又有滙豐的財力支持，所以公司生意增長強勁，在七十年代中已有八十四艘油輪和貨輪，包玉剛成為世界船王。一九七四年，曾是世界首富的希臘船王奧納西斯（Aristotle Onassis）在美國和包玉剛見面，說：「與你相比，我只是一粒花生米。」一九七七年，吉普遜船隻經紀公司根據船隻總噸位排名次，包玉剛全球排名第一，船運載重量達一千三百四十七萬噸。當時他有五十艘油輪，一艘油輪的價值大約等於一幢商業大廈，可想而知他多富有。美國雜誌《財富》（Fortune）稱包玉剛為「海上統治者」，《新聞周刊》（Newsweek）則譽之為「世界船王」。那時李嘉誠已在香港赫赫有名，但包玉剛則已聞名全球。

在此插一筆說說我和包玉剛的小故事。一九六八年九月，我進入香港大學唸書，成為 Hornell Hall 主席，十二月時想找人贊助學生運動。當時我的女朋友姓徐，徐父在包玉剛公司坐第二把交椅，替我安排去見包玉剛。包玉剛真的有帝王之相，龍頭虎額，很有氣派，但沒有架子，感覺很隨和。當時他聽了我這個黃毛小子的請求，很爽快答應捐十萬元。不要忘記那是一九六八年，香港剛剛經歷六七暴動，樓價大跌，十萬元足足可以全資在灣仔購買一整層住宅物業了！我很感謝他。何況，那時我已聽我的女朋友說包玉剛雖然這麼富有，但為人十分節儉，

27 當時石油輸出國組織限制石油產量，石油供應極緊張，油價因此上升逾三倍，嚴重影響全球經濟活動。

所以我也沒想過他願意捐這麼多錢，可能他想扶持一下我們這群年輕人。我做生意後，認識跟包玉剛相熟的朋友，他說包玉剛豈止節儉，簡直是十分吝嗇！為甚麼呢？他說包玉剛有一次從日本帶手信回來給他，竟然是蕾絲內褲！他說他從沒想過當時的華人首富會送內褲作禮物，更是發夢也未試過有男人送底褲給自己，還要是蕾絲這麼香豔，不知應不應該穿著，心情一時動盪，亦由此印證包玉剛賺錢不花錢。

其實，在李嘉誠默默收集九龍倉股票時，另一邊廂的包玉剛正鋪路棄船登陸。為甚麼船王打算轉移陣地？因為他認為航運生意太冒險。一九七三至七四年曾發生石油危機[27]，包玉剛認為雖然因此大大刺激油輪運輸的需求，但高峰過後必然回落，可見航運業深受不可預測的因素影響。另外，一九七八年，環球船運的大客戶——日本輪船公司因經營不善而關門大吉，沈弼要求包玉剛對船隊租約作出書面保證，幸好後來日本輪船公司得到日本銀行界財力支持，得以絕處逢生，也令環球船運不致遭受巨大的損失。之後，包玉剛與在大陸剛復出的鄧小平秘密會面，確認香港未來的發展方向，增強了他對香港前景的信心，於是決定棄舟登陸。他賣掉部分油輪，甚至將賣不出的拆卸成廢鐵出售，夠狠了吧？

後文我會講述李嘉誠如何將財富作策略性轉移，盡現他的梟雄本色。其實包玉剛與李嘉誠一樣，同樣都是梟雄。試想想，包玉剛當時是世界船王，一般在一個行業成功到這種地步的人，怎會不迷戀自己的成就？要他們作出這種棄船登陸的決定，跟叫他們推倒重來沒有分別。不過，包玉剛就是有這份眼光和決心，説得出，做得到。為甚麼他和李嘉誠可以這麼成功，先後成為華人首富？最起碼要有這種「別人笑我太瘋癲，我笑他人看不穿」[28]的心志吧！

包玉剛怎樣展開他的大計呢？他和李嘉誠不謀而合，決定收購九龍倉。一九七八年七月的一個下午，李嘉誠在香港文華東方酒店訂了一間套房，和包玉剛見面。當時吳光正也在場。李嘉誠表示希望將自己持有的一千萬股九龍倉股票賣給包玉剛，每股作價四十元。當晚包玉剛和吳光正進行非常縝密的計算。第二天，包玉剛便與李嘉誠握手達成協議，每股三十六元。李嘉誠因此賺了一千多萬至二千多萬元。好笑的是文華東方酒店是怡和的資產，李嘉誠和包玉剛卻在這兒商討對付怡和的大計。怡和後來知道後，不知有沒有將兩人見面的套房打個稀巴爛，以發洩心頭之恨。

之後，包玉剛在市場上密密收集九龍倉股票，到了九月五日，正式宣布自己已成為九龍倉最大股東。包玉剛與吳光正進入九龍倉董事局。怡和當然不甘心，透過售賣物業和供股籌集資金後，增加持股量。包玉剛自然不會吐出已到口的肥肉，於是透過旗下的上市公司——隆豐國際投資有限公司——發行新股和遞延股，目的自然也是籌錢，準備與怡和鬥個你死我活。這次匯豐銀行支持包玉剛，認購

28 唐寅《桃花庵歌》。

部分新股。李嘉誠非常雀躍地看這齣好戲，由長江實業包銷隆豐國際百分之二十的新股。在李嘉誠的心中，既然他已將原本所持百分之十的九龍倉股份賣了給包玉剛，便希望包玉剛勝出這場大戰。於是，包玉剛透過隆豐國際持有的九龍倉新股達到約百分之三十，仍然是最大股東。

當時九龍倉股價大約六十七元，怡和的錢不夠用來增持股票，便來一招突襲，趁包玉剛去了法國巴黎參加會議時，在周末早上宣布會用「兩股置地新股加七十六元六角周息十厘的債券」，合共以每股價值一百元的價格購入九龍倉股票，較市價高約百分之三十。為甚麼要在周末宣布？因為周末是假期，那麼包玉剛便無法籌錢開戰了。不過你以為人家沒辦法，人家偏偏有計策。包玉剛原定在會議結束後前往墨西哥，跟總統保迪羅（José López Portillo y Pacheco）見面，聽說怡和偷襲自己大後方，可怒也，馬上取消前往墨西哥，轉飛到英國倫敦，與身在當地的沈弼見面，一邊吃早餐一邊借錢。沈弼當然知道包玉剛是為了與怡和戰鬥，一口答應。之後，包玉剛趕返香港與智囊團開會，決定以每股一百零五元現金收購九龍倉股票。當年我仍在電視台工作，對這件戲劇化的事件印象極為深刻，真是拍戲也未必能夠想像出來。結果，星期一開市，小市民像發情般衝去滙豐旗下的獲多利公司，將手上的九龍倉股份賣給包玉剛。怡和知道敗局已成，索性由置地將大約一千萬股九龍倉股票售賣給包玉剛，套現大約十億，賺了約七億。結果，包玉剛在開市後短短幾小時內，便用了約二十一億去增持九龍倉股票，控股權達到百分之四十九，成為無可爭議的最大股東。基本上，這二十一億都是匯豐銀行借出來的，沈弼是鐵定心協助包玉剛贏。那時我算過，假設天天去銀行打劫，每天劫來五十萬，全年無休，一年也只有一億八千二百五十萬，起碼要持續這樣打劫十一、二年才行。包玉剛數小時便花掉二十一億，實在令人難以想像。

雖然包玉剛花了這麼多錢去收購九龍倉，但是他棄舟登陸的策略，助他避過了八十年代航運業不景氣的大劫，還在一九八五年收購了以航運業為主要業務、虧損嚴重的另一英資企業會德豐。當年包玉剛的資產達四百億，李嘉誠只有他的四分之一，可以想像包玉剛有多強大，也可見他的眼光如何準確。董建華做香港首任特首時，傳媒常介紹他是東方海外創辦人、已故船王董浩雲之子。其實董浩雲雖是航運業前輩，但說到財富，跟包玉剛比差得遠了。董浩雲是老船王，沒有像包玉剛般棄舟登陸，所以在八十年代的航運業大難中深受打擊；一九八二年逝世時，公司不僅沒錢，還欠債約二百億。後來霍英東出手相助，注入巨資，東方海外得以重組，才起死回生。

在包玉剛成功收購九龍倉事件中，李嘉誠自然是關鍵人物。有一點我覺得很有趣的，是《明報晚報》曾在一九七八年九月七日刊登對李嘉誠的專訪，其中李嘉誠說自己沒有大手吸納九龍倉，想作大規模投資的是長江實業；長實本來想購買百分之三十至五十的九龍倉股份，作穩健性長期投資用途，只是買了大約一千萬股後，股價超出擬出的最高價，所以放棄，並把手上的股份及股權轉讓出來。老實說，我不明白說買家是長江實業的話，跟說是李嘉誠有甚麼分別？另外，買百分之三十至五十的九龍倉股份，已成九龍倉最大股東了，怎麼是穩健性長期投資用途？怎樣才符合這個準則？如果沒有沈弼阻撓，原本擬出的最高價又是多少呢？我真的無法理解這篇專訪內容。

順帶一提，雖然李嘉誠收購九龍倉不成，但之後他成功收購英資上市公司青洲英坭。他採用跟收購九龍倉一樣的手法，透過長實在市場上默默購入青洲英坭的股票，在一九七八年底以百分之二十五的持股權加入青洲英坭董事局，其後再將股權增持至百分之三十六，成為主席。青洲英坭持有紅磡鶴園的大地皮，又有其他廉價地皮，而且業務以生產及銷售水坭等建築材料為主，正切合李嘉誠事業發展的需要，所以他入手。

一九七九年，長實擁有的樓宇面積已達一千四百五十萬平方呎，較置地的一千三百萬平方呎為多。在這一點上，長實真的首先超越了置地。

（三）李嘉誠、包玉剛或不和

經過九龍倉一役後，李嘉誠和包玉剛的關係如何呢？二人有一段時間非常友好，常常一起打高爾夫球，不過之後應該有點不和，原因在於衛星電視與有線電視之爭。

一九九零年，李澤楷經營的衛星電視開始試播，與九龍倉的有線電視交鋒。要在大廈安裝衛星電視，當然要符合港英政府的安裝標準，李嘉誠就是有辦法説服政府放寬標準，讓衛星電視可以進入全港至少十五萬幢大廈。此外，但凡是李嘉誠旗下的屋苑，都不准安裝有線電視。那時包玉剛患癌病重，由吳光正主持大局。吳光正也禁止九龍倉旗下的大廈安裝衛星電視。可是李嘉誠主力發展房地產，旗下的物業數量遠較九龍倉為多，所以衛星電視安裝數量增長得很快，有線電視只能乾瞪眼。然而人之將死，甚麼鬥爭都可放下，一九九一年包玉剛病重離世，臨死前最後和包家以外説話的人，便是李嘉誠。包玉剛逝世後，李嘉誠還為他扶靈。

包玉剛沒有兒子，有四個女兒。包玉剛成立了五個家族信託基金，一個作為整個家族的主體，另外四個分給四名女兒和四名女婿，掌控各自的企業。長女包陪慶與長婿分得環球航運、次女包陪容與次婿吳光正分得會德豐與九龍倉、三女包陪麗與三婿分得貿易生意、四女包陪慧及四婿分得金融投資生意。信託基金的控制權在女兒之手，企業管理則由女婿負責。四名女婿中，最著名的當然是吳光正。不過，吳光正極其量只是一個非常富有的人，沒有甚麼影響力。相反，包玉剛在生時，威風八面：鄧小平接見他達十五次之多，稱其為中國人的驕傲；英女皇封他為爵士；前美國總統列根（Ronald Wilson Reagan）就職時將他列為座上賓；常常和前英國首相戴卓爾夫人（Margaret Hilda Thatcher, Baroness Thatcher）的丈夫打高爾夫球，試過與戴卓爾夫人單獨會談；又是首位成為滙豐銀行董事及渣打銀行副主席的華人……呼風喚雨到這個地步。在他死後，鄧小平、江澤民、英女皇、戴卓爾夫人、基辛格（Henry Alfred Kissinger）、李光耀都發唁電，地位重要若此。其實，一旦李嘉誠去世後，情況也會和包玉剛差不多，即是李澤鉅和李澤楷都不可能具備李嘉誠這種級別的地位和影響力，只會像吳光正一樣，都是富豪而已。我可以斷言在李嘉誠死後，李家的權勢便會隨之灰飛煙滅；至於資產則要看經營如何了。

八、長實蛇吞象和黃

所謂是你的就是你的，不是你的強求不來，九龍倉這塊肥肉不是李嘉誠的，所以李嘉誠不強求，將股票賣給包玉剛賺錢便算，還賺了沈弼的人情債；屬於李嘉誠的是另一塊大肥肉：和記黃埔。

和記黃埔由「和記洋行」及「黃埔船塢」組成。二戰後，和記洋行的掌舵人是祈德尊（Sir John Douglas Clague）。和記與怡和（凱瑟克家族）、太古（施懷雅家族，Swire Family）、會德豐（馬登家族，Marden Family）並列為香港英資四大洋行。祈德尊野心勃勃，將和記洋行改名為和記國際有限公司，在任期間大力發展地產，又收購及吞併了很多不同的公司，例如屈臣氏、黃埔船塢、大型貨倉集團均益有限公司等，希望成為第二個怡和。事實上，七三股災前，和記聲勢的確大盛，市值超過七十二億，年度純利接近一億四千萬，隱隱然有威脅怡和之勢，因此那時和記系的股票備受吹捧。不過，我和其他出市代表始終認為和記握有的資產十分蕪雜，其中很多不要説不是一流資產，甚至是三流，層次根本與怡和不同，所以堅決維護 Jardine is king 的看法。

和記高峰時持有三百六十多間附屬及聯繫公司，聽起來好像很威風，實際業務過於散亂，難以管理和經營。大和證券的母公司是日本藤本經紀人公司。我大學畢業後，第一份工作便是加入香港大和證券。那是和記、大和合作組成的公司，管理權在大和。我從未見過和記派任何人員到來視察或查核業務，可想而知和記的管理有多鬆散。

七三股災爆發前，祈德尊其中一招是做利差交易（carry trade），借瑞士法郎賺取息差，但後來瑞士法郎不斷升值，這招不再靈光；何況七三股災到臨，和記系的股價大跌，和記國際神仙也難救。我記得恒生指數跌至一百五十點那天，我在澳門，看著和記的股價跌至大約一元二角，本來我有點錢，想買一些，但我見市況非常不妙，真的心寒，掙扎了一會，始終不敢下手。和記國際在接連兩個財政年度虧損約二億。這時，救世主匯豐來了，願意以每股一元的價格認購一億五千萬股和記新股，等於總共注資一億五千萬，代價便是和記出讓三分之一的股權。事已至此，哪到祈德尊不答應？甚麼怡和第二的夢想煙消雲散，祈德尊離場。匯豐控制和記，在一九七五年聘請公司醫生韋理（Bill Wyllie）加入和記董事局，只要韋理令和記轉虧為盈，便可享有純利分紅。

韋理何許人也？他原籍英國，在澳洲出生，六十年代擔任夏巴汽車的公司醫生，透過重組公司和裁減人手，不但成功助夏巴汽車度過困境，更賺取利潤，成為大企業集團。一九七二年，夏巴汽車被馬來西亞企業森那美收購，但公司經營情況不理想，於是在一九七四年末向韋理求救。韋理在短短一年間已幫森那美賺錢，因此是星級公司醫生。韋理加入和記後，快刀斬亂麻，將重點業務合併重組，建立財務控制，又將和記旗下一百零三間沒有價值的公司或賣掉，或清盤。一九七六年，和記已起死回生，錄得超過一億元盈利。一九七七年，韋理將和記國際及黃埔船塢合併，公司改組成為和記黃埔（集團）有限公司。和黃集團轄下有八間上市公司，包括和記黃埔、屈臣氏、和記地產、都城地產、均益倉等，業務遍布批發和零售、進出口貿易、貨櫃運輸、船塢、地產、建築等。韋理真的非常了得，經他手拯救的公司全部絕處逢生，是不可多得的人材。

當初匯豐銀行當和記國際的白武士，原因是和記業務多，如果倒閉清盤，可能對整體工商業有影響，自然也對匯豐的業務不利，所以才會出手。匯豐對經營和記毫無興趣，有興趣的只是賺錢，因此早在收購之初便承諾只要和記有盈利，便會在適當時候出售和記。現在和黃有盈利了，匯豐也準備出售行動了。韋理能幹，同時充滿野心，覺得自己幫匯豐救了和黃，賺了這麼多錢，匯豐應該會將和黃賣給他，只要他用槓桿收購便可完成交易。可是你對人家有意，人家對你無情，韋理一廂情願，連表白也來不及，匯豐便決定將和黃賣給李嘉誠。

匯豐和李嘉誠達成這宗交易的情況是怎樣呢？據説李嘉誠曾就此事與沈弼接觸，得到的答案是匯豐銀行會為出售和記黃埔普通股給長實提供機會。雖然匯豐説得婉轉，但明顯是將長實列在候選名單上。李嘉誠當然高興萬分，不過上次企圖收購九龍倉被人發現，被迫放棄，今次如果重蹈覆轍的話，簡直要自刎，所以保密功夫做滿分，只與滙豐進行秘密談判。滙豐也將這宗生意列為銀行一級機密，除了沈弼之外，幾乎沒其他人預先知道丁點消息。一九七九年九月二十五日下午四時，沈弼主持滙豐董事局機密會議，與會者包括包約翰、包玉剛和許世勛等，結果董事局同意將和黃普通股售賣給長實的動議。至於價錢怎樣？長實以每股七元一角購買滙豐手上持有的九千萬股，總值約六億三千九百萬，約佔和黃全部已發行股份的百分之二十二點四，長實足以成為和黃第一大股東。支付方式方面，長實只須立即繳付總價值的百分之二十，即一億二千七百八十萬，餘數只需在兩年內繳清，但在一九八一年三月二十四日之前支付不少於餘數的一半。當日下午六時三十分，李嘉誠已與滙豐簽署收購合約，將和記黃埔收入囊中。想想滙豐四時才開會，假設大家在會上稍稍討論，然後投票，在半小時內通過動議，已夠快了吧？只是相隔兩小時，李嘉誠便可以與滙豐簽約了，明顯沈弼一早已作好所有準備，也預先跟李嘉誠約定，要他留在香港，不要約其他人，預留大家見面的時間，效率才可以這麼高。

韋理事前對此毫不知情，直到滙豐董事局會議完結了，才接到沈弼的電話，說長實將會入主和黃。愛人結婚了，新郎不是我，韋理氣得哇哇大叫；而且自己本來是英國人，居然被同胞沈弼出賣？另外使他更感憤怒的是交易條件極不合理。當時和黃股份總發行量為四億股，以每股七元一角計算的話，市值只有二十八億六千萬；其實根據估算，和黃市值起碼達五十八億，每股作價十四元四角才正常。

匯豐當然要安撫韋理，反擊質疑，說如果以每股十四元四角計算，不容易為和黃找到新買家。現在將和黃售予長實，一來可以履行當初匯豐賣股的承諾，二來也可套取資金云云。

其實，李嘉誠收購和黃，根本不用出一分一毫。在長實與匯豐簽約前一天，沈弼才親自批准貸款給李嘉誠，好讓他支付百分之二十的訂金。這等於岳父嫁女，還預先借錢給女婿付禮金，天下間到哪裏找去？由此亦可見沈弼早已做得滴水不漏，只等正式簽約而已。當時長江實業市值不超過七億，竟然蛇吞象，吞掉和黃這個巨無霸，因此我認為這宗交易真的很誇張。換成是我的話，要我裸跑也願意。又，當時對和黃虎視眈眈的大有人在，除了韋理，還有怡和、太古等，匯豐真的這麼難找到新買家嗎？何況，假如真的覺得潛在買家沒有能力支付和黃每股十四元四角的估價，那麼將和黃的業務分拆出售便可以了，肯定能夠吸引更多有潛質的買家，為甚麼不這樣做呢？我唯一想到的解釋，便是李嘉誠是匯豐選中的人。

為甚麼是李嘉誠？我猜有三個原因。第一，當日李嘉誠將一千萬股九龍倉股票賣給包玉剛，助包玉剛成功收購九龍倉。包玉剛與匯豐淵源深厚，既與沈弼熟稔，又是匯豐董事局的成員，所以包玉剛禮尚往來，替李嘉誠說好話；第二，沈弼認為華資商人是香港將來繁榮的希望，因此決心扶植華資商人。李嘉誠既精明，又在九龍倉一事給自己面子，正是值得幫助的人；第三，會否跟香港的政治前途有關？即是英國政府暗示匯豐盡量將一些資產售予華資，以安中共之心，那麼中共未必太在意收回香港的管治權——不要忘記當時中英仍未就香港前途問題展開談判，英國對保留香港仍抱有希望。當然，可能這未必是英國政府的意思，而是匯豐自己的主意。要知道當時匯豐未遷冊[29]，但香港前途問題開始迫近，匯豐總要扶植一些華資勢力，方便跟北京溝通，也令自己不要成為北京的眼中釘。銀行用保本持盈去打動客戶開戶，自己當然亦要持盈保泰，培養華資正是手段之一。

不過，即使匯豐因為上述這些原因而選中李嘉誠，交易條件也太優厚了，幾乎是將和黃送給長實。我細思原因何在呢？我相信匯豐與怡和有些不和。匯豐與怡和都是領導香港的英資企業，但兩間公司的管治文化完全不同：怡和採用家庭世襲制，匯豐吸納專業人才管理。雙方的作風迥異，但又有業務往來，或多或少不認同對方的管治方式。怡和在九龍倉一役敗給包玉剛，原因是包玉剛得到匯豐的財力支持，雙方已結下樑子；匯豐絕對不想將和黃賣給怡和，令怡和重增實力和影響力。李嘉誠的實力不及包玉剛，無法像包玉剛般與怡和較量，因此沈弼開出對李嘉誠這麼有利的條件，讓他無後顧之憂。當日沈弼主持匯豐董事局機密

29 由一八六五年匯豐銀行成立伊始，一直將總部設在香港，直到一九九三年才遷冊英國倫敦。

會議，怡和及太古的代表都沒有到場，實在非常蹊蹺；假如他們有出席會議，會否足以否決將和黃賣給長實的動議？就算不能，是不是可以提高長實收購和黃的條件呢？當然我只是根據常理去估計，不知道答案。

此外，據聞當年轟動一時的佳寧案[30]涉及沈弼，而港英政府絕不容許沈弼的名聲有任何閃失，因此案件查至陳松青後便中止，不能再向上查。真相無人能知，但如果真是這樣，那麼沈弼的誠信有存疑之處。

無論如何，長江實業成功收購和記黃埔，震動全港，幾乎人人都談論這事，李嘉誠聲名更盛。當然，那時沒人會想像到在二十年後（二零零零年），李澤楷子承父業，用盈科數碼動力收購巨無霸香港電訊，組成電訊盈科，再度震驚財經界。有人笑說李家有蛇吞象的基因，將來李嘉誠的孫兒不知會不會又上演一場蛇吞象的戲碼。不過我希望歷史千萬不要再重演，莫說盈科數碼動力能夠鯨吞香港電訊有多離譜，單單看股價表現，電訊盈科絕對是不少股民的噩夢，由高峰的一百四十元慘跌至只得個位數字，表現長期低迷，股票變牆紙。有些老人用畢生積蓄買入電盈，以為可以收息過生活，結果連棺材本也賠進去，簡直可以寫一本電盈血淚史。幸好和黃的命運截然不同。長實收購和黃成功後，繼續增持其股份，到一九八零年底，長實在和黃的控股權已超過百分之四十。一九八一年一月一日，李嘉誠出任和黃董事局主席，成為第一位入主英資洋行的華人。之後李

30 一九七七年，新加坡人陳松青來香港成立佳寧公司，利用大型貪污和詐騙的手法，令公司急促發展成佳寧集團。其中，馬來西亞國營銀行裕民銀行在香港的附屬公司裕民財務多番向佳寧批出貸款，當總公司派核數師來港暗中調查帳目時，核數師遇害死亡，結果司法人員介入調查，發現裕民財務的貸款與佳寧帳目不符，終於馬來西亞當局派人全面調查，揭發佳寧是一宗大貪污案和一個大騙局。佳寧被清盤，陳松青被捕，因詐騙罪成，入獄三年。

嘉誠利用和黃的資產及利潤進行一連串投資，拓展不同的業務，非常成功，令和黃股價節節上升，也為李嘉誠帶來巨額利潤。

長實蛇吞象和黃，是李嘉誠其後在香港開展李氏王朝的關鍵，因此是香港歷史其中很重要的一章。長實以發展地產業務為主，和黃則拓展綜合性業務。由於和黃擁有龐大的土地儲備，所以長實可以利用和黃的地皮大力發展地產，經典例子當然是將黃埔船塢舊址發展成黃埔花園，共有九十四幢大廈，提供超過一萬一千個單位，總樓面面積達七百六十四萬平方呎，另有商場面積接近一百七十萬平方呎，單是售樓便帶來約五十三億元淨利潤。

一九八一年，《遠東經濟評論》（Fast Eastern Economic Review）雜誌以李嘉誠為封面，並將他描繪成超人的模樣，自此李嘉誠多了「李超人」這個外號。的確李嘉誠得到和黃後，一飛沖天，漸漸能夠在香港呼風喚雨，無人能敵。這也是為何我在上文說李嘉誠攀上匯豐銀行是他拓展商業王國的重大關鍵。

所謂三十年河東，三十年河西，這邊廂李嘉誠如日方中，那邊廂怡和卻虧損嚴重，債務纏身，急需資金周轉。一九八二年戴卓爾夫人訪京，到人民大會堂與鄧小平傾談關於香港前途的問題，結果戴卓爾夫人離開時摔了一跤。這幕真是深印香港人的腦海，世紀一跌，確認香港主權將在一九九七年回歸中國。香港樓市也隨戴卓爾夫人的腳步應聲下跌，怡和的地產投資項目損失嚴重。禍不單行，與置地合作的佳寧集團因佳寧案而被清盤，海外投資的生意又沒有起色，於是，一九八五年，怡和決定出售部分資產減債，包括香港電燈有限公司。其實，早在兩年前，李嘉誠已主動聯絡怡和，表示希望購入港燈，但當時雙方無法達成協議，李嘉誠便耐心等待。現在輪到怡和找李嘉誠談條件，經過一輪討價還價，最終李嘉誠以每股六元四角購入港燈接近百分之三十五的股權，總金額超過二十九億，成為港燈最大股東，又拓展多一項業務範疇。

至於地產方面，單計住宅物業，除了黃埔花園之外，長實在整個八十年代先後發展了城市花園、和富中心、銀禧花園、麗城花園等超過六十個地產項目。平均計算起來，長實每年起碼推出六個新樓盤，即是香港市民平均每兩個月便看到長實的新樓盤廣告，速度驚人。當時長實發展的物業佔香港整體物業市場百分之二十，成為香港地產的龍頭。一九八六年，李嘉誠旗下公司全系的市值已超越怡和系市值。到了九十年代，長實發展四大屋苑，分別是藍田匯景花園、茶果嶺麗港城、鴨脷洲海怡半島、天水圍嘉湖山莊。四大屋苑提供超過四萬個單位，總樓面面積幾乎高達三千萬平方呎。我相信如果訪問在八、九十年代買樓的人，起碼有一半受訪者曾經購入長實發展的物業。

第七章

李嘉誠做生意的特色

說說李嘉誠做生意的幾點特色。

第一個特色是李嘉誠有所不為。李嘉誠曾說：「我對自己有一個約束，並非所有賺錢的生意都做。有些生意，給多少錢讓我賺，我都不賺……有些生意，已經知道是對人有害，就算社會容許做，我都不做。」這點他的確沒有說大話。我曾聽一些熟悉李嘉誠的朋友說，李嘉誠絕對不會沾手兩門生意：一是賭博，無論是甚麼類型的生意，總之牽涉賭博成分的，都休想說得動李嘉誠投資；二是色情，不要說明目張膽賣弄色情，就算只有意會，也不可能吸引李嘉誠投資，無論可以賺多少錢都不行。我想李嘉誠這麼堅持，是因為他真心相信賭博可以令人傾家蕩產，妻離子散；而色情敗壞風氣，更重要是破壞他的名聲，因此他堅決不做。

第二個特色是李嘉誠善於把握機會，而且一旦掌握機會，只要形勢許可，便絕不放手。他做塑膠花生意時，為了開拓北美市場，可以在六日六夜之內預備好一個新廠房，用來招待北美大型貿易公司的買辦，結果成功了；他在酒會上聽說有機會收購永高公司，便立即行動，以迅雷不及掩耳的速度完成交易；他收購和黃，也是把握沈弼給予的機會。我想這可能與他是頂級推銷員出身有關，知道機會可一不可再，不抓緊便溜走，因此死纏爛打，堅定決心，不怕犧牲，排除萬難，去爭取勝利。

第三個特色是李嘉誠不喜歡敵意收購，也不傾向跟人搶生意。他收購永高、青洲英坭、和黃、港燈，都貫徹他這個特色。就算他手持利劍，也不傾向跟人比拼。如包玉剛跟怡和在九龍倉之戰般的大鬥法，不是李嘉誠的風格。他收購別的公司時，如果不是直接跟賣家洽談，通常分兩步走，第一步先在市場收集大約百分之二十至三十的股票，第二步才增持至擁有控制性股權。他收購九龍倉和青洲青坭的策略都是這樣，只是九龍倉之役失敗而已。

第四個特色是李嘉誠願意與同行合作，分享利潤。他初初涉足地產時，資金沒有那麼充裕，固然會與其他發展商聯手（可參閱第六章〈富甲天下之路．長實後來居上兩大關鍵〉），但就算他變成香港地產第一人了，富可敵國，仍然不改這特色。一九八七年，政府拍賣九龍灣一幅地皮，底價二億，每口叫價五百萬元。

李嘉誠與胡應湘分別出價，而且競價至二億六千萬時，李嘉誠連跳八口價，擎天一指，叫價三億！胡應湘心想難道自己不懂跳價？而且要更勁！一舉手便連跳十口價，叫價三億五千萬！二人令會場氣氛高漲，鄭裕彤等也加入競價。換成是其他人，尤其財力上有優勢的，可能已被激起傲氣，與對手大殺一場，務求壓倒對手為止，但李嘉誠偏偏不會。他跟隨行的副手周年茂耳語一會後，周年茂便去胡應湘副手何炳章身邊，低聲傾談，然後回去座位。何炳章將李嘉誠的意思轉達胡應湘，胡應湘便不再出價。這時地皮叫價已達四億，最終李嘉誠金手指一舉，叫價四億九千五百萬，連跳十九口價！當然成功一錘定音。他宣布此地是他與胡應湘聯合投得，原來他見胡應湘對地皮志在必得，決定與胡應湘合作，合則兩美，分享利潤，無謂讓地皮落入他人之手。

第五個特色是李嘉誠能夠經營高層政治，這也是李嘉誠和絕大部分生意人最大不同之處。他能夠與高層政治力量打交道，包括立法會和行政會議，所以有時他遇到一些困難的問題，便跟政治高層談，方便解決。另一位很擅長跟政府人物打交道的人是鄭裕彤。舉例，七十年代，新世界發展向太古洋行購入尖東沿海的「藍煙囪」貨倉舊址地皮，又獲港英政府批予鄰近土地，改變土地用途，非常神奇，結果建成新世界中心。香港會議展覽中心項目更是令人妒忌，新世界不必付補地價，只要負責投資興建，落成前向香港貿易發展局交付每年不多於六百萬的租金，以及繳付七千五百萬元營運費便可，業權歸新世界所有。想想這兩塊地皮興建了多少酒店和商業大廈？賺了多少錢？不過李嘉誠與政治高層打交道的手法比鄭裕彤的手法更高明。恒基兆業沒有這方面的脈絡，故她聘請地政總署出身的人，或者與新界鄉紳盤根錯節的人，因為只有他們懂得如何將新界農地變成住宅用地、怎樣不會遭受鄉紳反對，以及補地價是多少等等。其實我也曾經和人合作投資，希望發展一塊新界低密度地皮，但結果花了十年，仍然毫無進展，白忙一場，根本這門學問完全是秘密，無論是整個程序、每一個步驟和所有資訊都被少數人壟斷，其他人休想沾手。

第六個特色是李嘉誠非常願意開展新生意，嘗試新投資。他做塑膠廠，可以由生產常見的塑膠用品和玩具，一下子轉為以生產塑膠花為主。他成為塑膠花大王後，又跑去涉足地產，然後以地產業務為經營核心。和黃是一間大型綜合性業務公司，他因此開展不同的業務範疇；八十年代開始又進軍電訊業。到他晚年時，又跑去投資新科技，除了大家都知道的

李嘉誠晚年大量投資新科技，包括近年大為流行的植物肉；投資永遠快人一步，實在是高瞻遠矚。

Facebook外，他還投資人工智能公司DeepMind（後來被Google收購，研發出AlphaGo，在與世界棋王柯潔的對戰中創下三戰全勝的佳績）、音樂串流平台Spotify，還有因新冠肺炎疫情而大行其道的Zoom等；另外不可不提的當然還有合成製品，包括植物肉和人造奶。通常人年紀越大越保守，越抗拒自己未聽過或未涉足過的業務，覺得不知是甚麼來的，古靈精怪！但李嘉誠思想開放，熱衷接觸新事物，願意領先一步去投資，以一個老人來說，真的與別不同。

最後我想說說無論李嘉誠做生意多有個人特色，要成為像他這種層次的富豪，還有一些必要的個人條件。

首先，一定要非常節儉。以鄭裕彤為例，有一次我和幾個人要跟他由中環到金鐘還是灣仔開會，我忘記了，因為怕塞車，於是我們乘坐地鐵。到了目的地那個車站後，我們一行人在最近的閘口出閘，但遲遲未見鄭裕彤出來，等了一會，才見他從另一邊走過來。我們問他為何繞這麼遠的路？他說那邊閘口有老人優惠，比較便宜。你想像得到一個富豪會這樣節儉嗎？他也要求其他人節儉。我聽人說，有一次鄭家純花了二萬元請師傅看風水。鄭裕彤知道後，罵了兒子兩小時，問：「你現在很有錢嗎？」這就是鄭裕彤的本色。

再以邵逸夫為例。一九八一至一九八二年，我替邵逸夫工作。有一次，我在便利貼寫字，然後交給他，大約用了整張便利貼的一半。他把餘下的一半剪下來，叫我之後再用。他跟我說，他認識所有將生意經營得好的人都十分吝嗇。我相信這是真的。我有一個港大同門加入包玉剛的環球船運工作，有一次他如廁洗手後，用暖風機烘乾雙手，剛巧被包玉剛看到，將他罵了個狗血淋頭，覺得我那同學浪費電力。

李嘉誠當然亦十分節儉。以前他戴精工手錶，價值五十美元，足足戴了超過十年；大約七年前換了一只星辰手錶，價值大約五百美元。他說他飲食清淡，喜歡吃飯和菜，少吃肉，就算吃魚也選便宜的來吃。這樣生活三、四十年下來，不但可以節省不少錢，還可以變出很多錢！為甚麼呢？假設你賺一萬元，只花五百元，將餘下的九千五百元儲起來，年利率百分之五，以每年複利計算，四十年之後本金連利息約六萬六千九百元，更何況你每個月都會投入新儲蓄回來的本金？當然單靠節儉不能成為富豪，但不節儉的話，幾乎絕不可能成為超級富豪。

其次，要將掙錢視為生存的目的，而不是生存的手段。普通人如你和我工作賺錢，目的是想自己和家人過得舒服些，例如住大一點的房子，買喜歡的東西，想吃甚麼便吃甚麼等，但這樣永不會成為超級富豪，原因是我們有點錢後，便會開始花錢，滿足我們掙錢的目的。超級富豪則純是為掙錢而掙錢，如李嘉誠般已經這麼富有，卻一直工作至八十九歲才退休，退休前每周工作五天半。其實這是一種執迷，一種病態，將掙錢變成生存的目的，為掙錢而掙錢，無需其他任何理由。

順帶一提，我認識很多這類病態富豪，跟他們聊天時，發現他們有一個共通點，便是覺得金錢是萬能，對金錢有無窮迷信，完全不相信人生有無法控制的情況。我在第一章〈李嘉誠如何富可敵國？〉中檢視了中國歷史上的富豪，說伍秉鑒真的十分富有，但他多次遭到清政府勒索，死後廣州十三行沒落，伍秉鑒一生的心血也化為灰燼。不過，我跟這些病態富豪說伍秉鑒及類似的例子，根本不能動搖他們的信念半分。其實天有不測風雲，人有旦夕禍福，無論多麼有錢都未必有用。在這方面，大陸的富豪就遠為通透了。他們知道有錢又如何？今天意氣風發，明天可以身陷牢獄，為求保障，一定要想方設法求得一官半職，沾上官氣；還有就是三十六計，走為上計，盡量將資金外移，例如將公司申請到國外上市，這樣就算在國內被連根拔起，在國外仍有賴以翻生的資本。

第三點比第二點更難，便是沉迷生意上的賭博。其實所有投資都是賭博，巴菲特(Warren Buffett)整份身家便是賭回來。任何人開始投資都很容易，但當變得富有了，一輩子也花不光整份財產，便會變得謹慎，不想有任何閃失，不願再賭博，但不賭便不可能成為超級富豪。李嘉誠成為塑膠花大王，早已賺了幾輩子也花不光的錢，但他進軍地產界，便是一場賭博；相信六七暴動會很快結束，留港處理工廠及物業的事宜，又是人生另一場大賭博。李嘉誠不斷賭贏，所以能夠成為超級富豪。道理就是這麼簡單。老實說，這些生意上的大賭博以運氣決生死；生意越大，運氣成分越大。李嘉誠多半賭贏，運氣真的十分好。

第八章

李嘉誠用人之道

李嘉誠的用人之道和其他富豪有甚麼不同？第一，他敢於起用知識水準較高的外國人。他在七十年代初正式成立長江地產有限公司，想集中個人精力發展地產，但長江工業仍然賺很多錢，需要人材幫忙好好管理，所以他先後聘請 Erwin Leissner 和 Paul Lyons 加入公司，分別擔任總經理和副總經理。二人都來自美國，掌握最先進的塑膠生產技術，能夠好好帶領公司進行國際化生產。那時外國人總是給人高人一等的感覺，替中國人打工少之又少；就算是中國富豪，我相信如果他們不懂英文，對著外國人也會膽怯。李嘉誠懂英文，縱使那時不是富豪，也不怕起用外國人，總之一切以公司有沒有需要作決定。

第二，李嘉誠願意重用舊人，但必要時也會果斷棄將。他在長江塑膠廠年代開始起用兩人，分別是上海人盛頌聲，以及潮州人周千和。李嘉誠是潮州人，居然會起用不是同鄉的盛頌聲，在那個年代頗為罕見。我認識盛頌聲，和他吃過幾次飯，但我沒有他的個人資料，上網也找不到，不過我覺得他的樣子看起來比李嘉誠年長一些，説話帶有上海口音，英文不錯。那個時代英文好的上海人大多來自聖約翰大學，所以我估計他可能也是聖約翰大學的舊生。至於周千和則是傳統讀書人，相信大約是中學畢業。二人在長江塑膠廠年代時，基本上都是財務人員，但後來工廠需要更好的分工，而盛頌聲性格比較跳脱，所以負責管理生產；周千和為人較沉穩，因此負責做財務。李嘉誠的塑膠生意越做越好，二人當然功不可沒，也成為李嘉誠的左膀右臂。後來李嘉誠進軍地產，將二人帶到新公司幫助自己。盛頌聲懂英文，負責地產業務。我很記得每次和他聊天時，都要聽他盛讚李嘉誠，説李嘉誠如何聰明，如何好人……真是公關高手。事實上，六十至八十年代的長江實業沒有公關部，盛頌聲基本上便負責代表公司與傳媒溝通，變相是公關部主管。至於周千和因為做財務出身，所以主理長實的股票買賣。我相信李嘉誠提供了不少資源去培訓他們，否則二人本來只是在塑膠廠打工，不可能懂那麼多。事實上，李嘉誠便曾將周千和及其兒子周年茂一起送到英國修讀法律。盛頌聲和周千和能夠處理新的業務和工作，可見學習不錯。二人表現優異，因此一直步步高升，成為長實的開國功臣。一九八零年，盛頌聲成為長實副董事總經理，不過在一九八五年退休，移民加拿大，由周千和頂替他的職位。後來，周年茂也攀上此位（一九八四年，周年茂加入長實集團工作，由辦公室助理做起，短短十一年便官至長實第二把交椅，當時他只得三十五歲）。

副董事總經理一人之下，萬人之上，為何盛頌聲只做了短短五年便掛冠而去？現時所有書籍和資料提及這件往事時，都說盛頌聲因為年老而退休，但我從其他人口中聽到兩個與盛頌聲有關的傳聞，說事情並非如此。我一定要強調這是傳聞，因我也不知真假，也不可能向李嘉誠及盛頌聲求證。第一個傳聞是說盛頌聲未退休時，私下買賣股票和房地產嚴重虧損，欠了一大筆錢。李嘉誠最怕員工——尤其像盛頌聲這種重臣——在外面捅了一個婁子，財務上出現問題。試想想如果有記者挖掘到有關消息，報道出來，李嘉誠及長實顏面何存？也會令人質疑公司的管治出現問題，影響公司的形象，李嘉誠絕對不能容忍，所以下令盛頌聲離職兼離港，一劍封喉。當然李嘉誠舉辦了一個大型酒會歡送盛頌聲，保全盛頌聲的面子，也讓彼此好來好去。

第二個傳聞是盛頌聲離任後，長實原有的工程部被連根拔起，徹底換血。是不是因為一朝天子一朝臣？不是這麼簡單。傳聞說盛頌聲一直掌管長實工程部，在工程部盤根錯節，人人都是他的親信，所以工程部成為他的小王國，為所欲為，貪污舞弊嚴重。我不知道長實工程部一度被盛頌聲把持是真是假，但平心而論，地產發展商在建築方面要花極多錢，原因便是工程的費用太容易弄虛作假了。以前我經營建材生意時，知道如果去香港的銷金窩看看，例如消費水平高的會所和夜總會，便會看見場內起碼有百分之四十的顧客來自建築工程界，因為層層交際，上層問下層判工收費多少之類。工程人員和非工程人員有很大的資訊差距，例如工程人員說一定要使用某種規格的材料，或是要進行某項工序，因此工程要加價云云，非工程人員如何能夠分辨出來？工程人員只要拋出一大串專業術語，非工程人員已經聽得頭暈，開口詢問也怕自己外行，不如不追問。根本工程部就是肥缺。順帶一提，那時我和各大地產商做生意，認為以廉潔程度來說，新鴻基地產排第一；至於以節儉程度而論，華懋簡直是能人所不能；九龍倉吳光正也是這方面的極品。長實在兩方面來說則不過不失。說回盛頌聲遠走加拿大後，李嘉誠直接和承建商打交道，例如張耀榮和陳國強等。承建商一般都比較富有，可能撈油水仍然難免，但大型作弊的機會少得多。

至於周千和，在一九九二年李澤鉅升任長實副董事總經理之後，便因年老而離職。他的兒子周年茂本來主理物業發展，九十年代開始擔當李澤鉅的太傅，結果一九九六年時，周年茂又要離開，理由是想有一個改變，成立小型地產商華業（控股）。我估計可能是因為周年茂跟李澤鉅不太合得來，與其留不如走。

第三，李嘉誠敢於起用新人擔任要職，而且毫不猶豫，最具代表性的例子當然是馬世民（Simon Murray）。馬世民是英國人，讀書不算很多，曾經在二十歲時加入法國外籍兵團（French Foreign Legion），到阿爾及利亞當兵打仗。有一次他和隊友坐在石頭上，等待上級指示，突然敵人開機關槍掃射，他的隊友即場死亡，他卻成功衝下山，總之當兵生涯險死還生，所以他天不怕地不怕。後來馬世民到香港，替怡和推銷空調和電梯，足足做了十四年。有一天他去長實推銷空調，希望長實願意在將來的樓盤採用怡和的產品，居然幸運地與李嘉誠碰面，還和李嘉誠談了許久。我想當時馬世民一定有勾起李嘉誠少年時當推銷員的記憶，不知李嘉誠有沒有暗中比拼一下自己和馬世民的推銷技巧？後來馬世民與拍檔合資組成 Davenham 工程顧問公司，承接工程項目。一九八四年某個星期五晚上，馬世民突然接到一通電話，是有「李嘉誠的股票經紀」之稱的杜輝廉打來的，説正為和記黃埔尋找下一任行政總裁，問馬世民有甚麼好提議？馬世民開玩笑説「我」，其實正合李嘉誠意，否則找行政總裁，何必詢問馬世民的意見？本來馬世民趕著回家，但最後拗不過杜輝廉，同意即晚與李嘉誠喝一杯。當晚李嘉誠便提出要收購馬世民的公司。經洽商價錢後，公司便賣了，馬世民亦因此加入和黃，搖身一變成為這間大企業的行政總裁。其實這真是非常離奇，縱使之前李嘉誠和馬世民長談時，覺得馬世民不是一般推銷員這麼簡單，甚至對這個人念念不忘，到處打聽他的能力，但居然會將他空降到和黃大班這麼重要的位置？而馬世民又能夠作出重大貢獻，可說是能人所不能。在起用新人這一點上，李嘉誠的確令人嘖嘖稱奇。

馬世民立下甚麼戰功呢？他整理了和記黃埔的業務，帶領和黃進軍電訊業，又提議李嘉誠購買港燈。李嘉誠只花了二十九億購買港燈，現在港燈每年純利已遠不止此數。想想這麼多年來，李嘉誠憑港燈賺了多少錢？不過，馬世民也有重大錯失。他主張大肆向海外擴張，例如在一九八九年，他推動在英國電訊市場推出第二代無線電話（CT2）服務Rabbit，只能打出，不能打入，當然不受歡迎，終於在一九九三年放棄，撇帳約二十一億四千萬，和黃承擔其中約十四億。有這重大損失，加上有傳其實當時李嘉誠準備讓李澤楷主理和黃，兩父子架空馬世民，因此馬世民意興闌珊，不得不在一九九三年離開。他離職的理由是在和黃任職九年半，時間太長了，決定嘗試一些不同的工作。不過李嘉誠和馬世民仍然保持不錯的關係，偶然會一起吃飯。李嘉誠決定退休，也在正式公布消息前半年提早告訴馬世民。

順道說說我對馬世民的看法。一九八五年，黃埔花園樓花開售，我去認購五十個單位，由於數量比較多，所以售樓處安排我直接和馬世民談。他是軍人出身，樣子不怒自威，性格爽朗。他喜歡接受挑戰，一九九九年已經五十九歲，還去參加撒哈拉馬拉松；二零零三年已經六十三歲，與拍檔拖著三百磅重的雪橇，由南極洲海岸的大力灣成功徒步抵達南極點，歷時五十八天，沒有任何補給，全靠自己和拍擋二人拖著配備。他的意志力驚人，而且說做便做，真的令我非常敬佩。

由盛頌聲、周年茂和馬世民，離開李嘉誠的麾下都有理由，不過重臣換了一批又一批，除了李嘉誠之外，我想不到還有其他超級富豪有類似的情況。看看鄭裕彤由始至終是用何伯陶、梁志堅；李兆基一直用林高演等，可見李嘉誠與別不同。掌權者必要時要下狠心，做一些要做的事，包括撤換掌權大員。這種梟雄本色不是人人有，但李嘉誠正正具有這種魄力。

李嘉誠用人之道還有第四點獨特之處，便是他非常捨得付高薪聘請人才。馬世民離職後，由霍建寧繼任和黃大班。霍建寧在香港大學取得文學士學位，之後到美國和澳洲留學，取得專業會計師資格。我見過他很多次，知道他對數字十分敏感，管理帳目非常了得。他亦有藝術才華，擅長彈琴，和他吃飯的話，有時可以見到他表演彈琴。大家都知道霍建寧是打工皇帝，年薪超過二億。另外，周年茂和馬世民離職時，每年拿到的薪金和分紅大約都是一千萬——不要忘記他們替李嘉誠打工的時期早得多，當時的生意規模亦沒有後來那麼大，所以這個數字已經很高了。看看其他著名打工一族的薪金吧，像陳志雲這麼有名氣，做無線電視業務總經理時，年薪也只得大約四百萬至四百五十萬而已，真是沒比較沒傷害，可見李嘉誠出手高得多。李嘉誠願意付高薪給重要的員工，目的是讓他們賣命，同時不要貪污。

第九章

李嘉誠的眼光與運氣

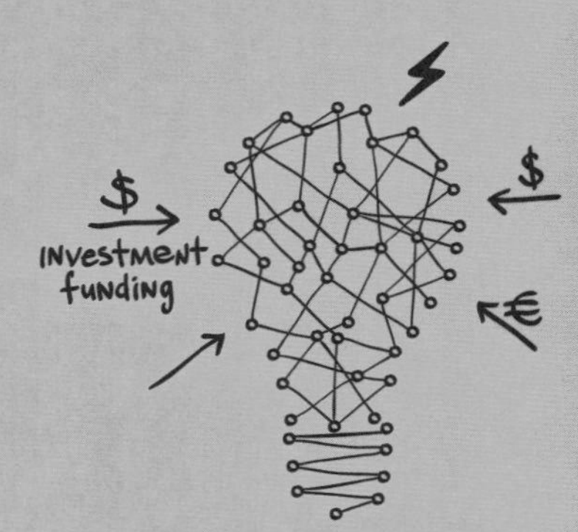

一、李嘉誠一度看淡中國和香港

一九七八年，香港富豪如霍英東和胡應湘等受邀回北京參觀國慶典禮。那時文革完結約兩年，很多富豪都不敢上京，但當然不能說自己不想北上的原因，所以齊齊作家上身，編了各

1978年，李嘉誠到北京參觀國慶典禮，除獲鄧小平接見外，更登上長城，衣錦還鄉。（資料圖片）

種冠冕堂皇的理由婉拒邀請。本來李嘉誠實力未算非常雄厚，未獲邀請，但他主動請纓赴京獲批，還特意趕製了一套中山裝，極有誠意。鄧小平接見他們這一行香港商人時，表明中國即將打開國門，進行改革開放。李嘉誠登上長城，十分興奮，覺得回到祖國真好！當然了，換成是我，也會感覺非常良好，想當日淒淒涼涼，南下投奔舅父，今日衣錦還鄉，光宗耀祖，這麼有出息，有甚麼不好？同年年底，

中國便公布改革開放這一重大舉措。霍英東和胡應湘衝上內地投資，例如霍英東興建中山溫泉賓館，胡應湘大舉進行基建工程，不過李嘉誠人在香港，大概覺得回到香港真好，沒興沖沖北上投資。到了一九八一年，李嘉誠、霍英東和胡應湘等參加中華總商會組織到蛇口的考察團。那時中國對外資的控制非常嚴格，據説李嘉誠試探問道：可否讓港商入股參與蛇口的建設？藉此看中國改革開放到甚麼程度，後來被蛇口工業區總指揮袁庚婉言拒絕。經此一役，李嘉誠更沒意欲投資內地。結果，在改革開放後接近十四年，李嘉誠都沒有投資大陸[31]。

其實不要説投資內地，根本自八十年代初中英就香港前途問題談判時，李嘉誠便對香港的發展前景心存疑慮，因此同意馬世民跨國投資的提議，拼命投資外地。坊間相傳兩件關於李嘉誠的事，都是在一九八三年發生。第一件事，當年鄧小平會見香港富豪，説中國堅決收回香港，不要存有任何幻想，但香港將會保持資本主義制度不變，希望大家努力，繼續保持香港的繁榮，為國家作出貢獻。鄧小平説完，一眾富豪自然滿臉慷慨，感激總設計師的鼓勵，誓死報效祖國。不過，鄧小平離席後，有人馬上回酒店打長途電話，大意是大量沽出手上的公司股票，令股價下跌。有人説這位仁兄就是李嘉誠！相傳北京因為知道此事而震怒，結果李嘉誠花了很多年時間去修補與北京的關係。我必須強調這是坊間傳言，不知道是真是假。第二件事，李嘉誠在該年入籍加拿大。我不清楚李嘉誠是否真

31 一九八一年，胡應湘牽頭，與李嘉誠、李兆基、鄭裕彤等一起出資十億，在廣州建成中國大酒店，答應收回成本後便將酒店捐給中國。這是胡應湘希望報答國家的舉動，不算投資。

的在那年取得加拿大護照，但他的確是加拿大公民。李嘉誠對香港回歸後的前景不敢抱完全樂觀的態度，開始將部分資金分散投資海外，也是事實。和黃亦於一九八六年在倫敦成立首個海外辦事處，目的當然是處理海外投資事宜。

與李嘉誠截然相反的便是怡和。為甚麼我在上文提過顯赫一時的怡和會在八十年代虧損嚴重，債務纏身，便因錯判形勢而起。八十年代初，怡和知道英國外交部準備向中方提出以「主權換治權」的方案，即是在九七後將香港的主權歸還中國，但讓英國保留二十五年對香港的治權。怡和及英國外交部誤以為中方立志保持香港的繁榮穩定，一定同意這項提議，因此怡和在香港大肆擴張，以超過四十七億的高價投得中環地皮去興建交易廣場，又收購香港電話與香港電燈等，打算與當時崛起的華資一較高下。很明顯英國人完全不明白中共的民族感情。中共最初搞革命，完全為了復興中華民族。在中共心中，收回香港是民族復興的一大標誌，哪會容許英國這群帝國主義洋鬼子討價還價？何況，鄧小平是軍人出身，不怕和人打仗，當時已做出以武力收回香港的準備。結果英方只有戴卓爾夫人的世紀一跌，甚麼權也換不來，香港將在一九九七年回歸中國。當時整個香港人心惶惶，人們蜂湧移民求去，樓價下跌。怡和泥足深陷，負債超過一百億，大叫救命，要變賣資產還債，也因此將港燈賣給李嘉誠。

二、衛青不敗由天幸[32]

李嘉誠在中國改革開放之後十四年沒有投資大陸，更在中英談判之後不再對香港前途投下有信心的一票，因此完全沒有增加香港的土地儲備，而是轉而投資英國等地，例如上文提及的Rabbit（可參閱第八章〈李嘉誠用人之道〉）。可是，李嘉誠在西方的投資不但嘗不到甜頭，甚至賠本；相反在這段期間，香港和內地經濟發展向好，尤其香港直到一九九七年十月前的地產大旺市，中年或以上的香港人一定記憶猶新。如果李嘉誠錯過這股大升浪，與其他在香港重槌出擊的地產商此消彼長，他真的會漸漸喪失香港頂尖富豪或世界重要商人的位置，變成二三流的商人。幸好李嘉誠很快便醒悟自己的決定錯了，在一九八七年決定華麗轉身，要大量投資香港土地。不過李嘉誠已經將不少資金調撥到外地去了，一時三刻哪能變出這麼多錢？於是他想出了百億連環供款大計。

一九八五年，香港股市和地產市道回升，到一九八七年一片向好。九月十四日，李嘉誠宣布旗下四間公司（長江實業、和記黃埔、港燈及由港燈分拆出來的嘉宏國際）集體供股，集資一百零三億，其中二十九億用來收購大東電報局部分股份，其餘用來推動集團業務發展。下表是這個供股計劃的大概：

股票	供股資料	集資
長江實業	十供一，每股 $10.4	約 $20.78 億
和記黃埔	八供一，每股 $11.2	約 $37.53 億
港燈	五供一，每股 $8	約 $24.18 億
嘉宏國際	五供一，每股 $4.3	約 $20.78 億
		總集資：約 $103.27 億

32 出自王維《老將行》。此句意思是衛青征戰匈奴不敗，是由於天神輔助。

這次集資採用連鎖包銷的形式，大股東和控股公司會供股，也會包銷新股，佔全部包銷額的一半，餘下一半則由幾間證券商負責包銷。當時李嘉誠叱咤風雲，這次又是他名下公司最大型的集資計劃，參與的證券商都覺得祖宗積德，十分有光采，在正式簽署了包銷合約後，簡直自覺全身光芒四射，在中環行走也份外威風；小股東更是磨拳擦掌，準備好大把鈔票去供股。然而上帝要你滅亡，必先要你瘋狂，九月三十日，香港股市創下四千零二十一點新高。之後十多天，香港股市一直居高不下，但行內人士隱隱覺得市況有些不穩，感到不安。各包銷商心態大轉變，希望李嘉誠取消供股；有些外資包銷商高層甚至特地來香港，準備游説李嘉誠。一九八七年十月十六日（星期五），是眾包銷商可以引用包銷合約內「不可抗力」條款的最後一天，眾包銷商與李嘉誠見面，表示對股市前景有顧慮，所以有取消供股的想法。可是李嘉誠堅持供股，大家談不攏。包銷商見軟功不成，唯有用硬功，明確説打算動用「不可抗力」的條款取消包銷。李嘉誠心想豈有此理，你這群包銷商做初一，我李嘉誠難道不會做十五？便説他不會忘記曾經幫助他的人。這句話非常有意思，另一層含意自然是他會記得背叛他的人，將來自然有恩報恩，有仇報仇。試想像一下，李嘉誠坐在你對面跟你説這句話，你是不是雙腿發軟？何況見面那天其實仍未出現股災，眾包銷商心想如果這時堅持不做李嘉誠的生意，損失實在太大，於是同意繼續履行包銷合約。當天香港股市曾經下跌超過一百點，隨後稍為反彈，收市報三千七百八十三點二點，下跌四十五點四四點。

到了香港時間當天晚上，美股大跌，觸發全球股市跌個停不了，股災正式開始。十月十九日（星期一），香港股市一開始便下跌，全日收市三千三百六十二點三九點，大跌四百二十點八一點。當日香港時間晚上，美國杜瓊斯指數更暴瀉五百零八點，於是，由十月二十日至二十三日（星期二至星期五），聯交所宣布香港股市一連停市四天。十月二十六日香港股市重開，一直下跌，至十二月才結束，股市累計下跌超過百分之五十。

八七股災來勢洶洶，又急又惡，全球哀鴻遍野。長和系股價亦跌至比供股價更低，願意供股的小股東只佔總數不足百分之零點五。不過有各包銷商在，在星期一股災前的周五沒有利用「不可抗力」條款取消包銷，唯有流著淚做好包銷工作，因此李嘉誠仍然成功集資一百零三億。

坊間有些書和文章將李嘉誠描寫得神乎其技，說他能夠預測市場走勢，提早集資云云。我覺得十分好笑，八七股災毫無先兆，沒有人是先知，亦無人有內幕消息，事後專家們檢討多年，仍然沒有股災成因的答案。那段時期我替黃玉郎打工，股災發生前，我看公司帳目，跟黃玉郎說：「黃生，我直接說吧，我認為你很危險，因為你公司持有二億多股票，但全都是垃圾股，如果出了甚麼情況，你可能會受牽連的！」當時黃玉郎氣定神閒，說：「不要緊，玉郎的股價不會有問題[33]，我認識一個澳洲人，已經約了下星期一（十月十九日）一起喝茶，喝完茶便會簽約，由他替玉郎包銷，公司便可以集資兩億多至三億！」結果，我們和那澳洲人喝茶那天，股市已經大跌。澳洲人見勢色不對，還簽甚麼替玉郎包銷的文件？黃玉郎也因八七股災一役失去玉郎集團，所有富貴如夢幻泡影。看看李嘉誠和黃玉郎，榮枯只在於一天之差。李嘉誠不是先知，而是「衛青不敗由天幸」。

事實上，如李嘉誠這種級別的富豪，雖然進行每項計劃前都思慮周詳，但同時也是大賭博，有很多不可預計的因素影響成敗。結果，李嘉誠又賭贏了，用集資所得重點投資香港地產，如一九八八年聯同中信集團投得藍田地皮，興建了匯景花園；另外建成麗港城和海怡半島等，大賺特賺。這筆集資得回來的錢不單足以幫助李嘉誠彌補投資西方的失誤，更讓他可以在一眾香港富豪中鶴立雞群，所以我說他非常幸運。到了九十年代，李嘉誠開始大舉進軍內地，代表作自然是投資額高達二十億美元的北京東方廣場；另外又在大陸各處大肆買地和投資等，趕上了大陸經濟急速發展的火車，財源滾滾。

順帶一提，李嘉誠既幸運，也很會為自己多留後路。根據英國國家檔案館解封的檔案，一九八九年三月，時任基本法起草委員會委員李嘉誠與戴卓爾夫人見面，李嘉誠表示「有興趣取得英國公民資格（Mr. Li's interest in acquiring British citizenship）」。為甚麼李嘉誠對成為英國人感興趣？當然是為必要時轉移大本

33 黃玉郎旗下的上市公司叫玉郎國際集團有限公司，在一九八六年八月十二日於聯交所上市。

營鋪路。不過，他最終沒有取得英國護照。到了一九九零年一月，李嘉誠獲鄧小平接見，表示對回歸充滿信心，事業會如大樹般扎根香港。當然了，李氏王朝基業宏大，一時三刻也不可能全部撤走，自然起碼有一段時間扎根香港。

三、賺了 Orange 賠了 3G

李嘉誠進軍電訊業，在 Rabbit 一役大敗，但他死心不息，在一九九四年以八十四億收購英國電訊公司 Orange，推出個人通訊網路（PCN）。其實 Orange 一直虧蝕，幸好因為客戶人數持續增長，因此能夠在一九九六年同時在英國和美國上市，更獲超額認購，和黃獲得承銷利益，加上賣出股權，已賺回成本。我很記得 Orange 上市那天，我和李嘉誠的員工在一起，他們告訴我 Orange 股價造好，李嘉誠很開心。到了一九九九年，歐洲兩大電訊巨頭——德國 Mannesmann（MMN）與英國 Vodafone 爭購 Orange，以求成為電訊「一哥」，最終和黃以一千一百三十億向 MMN 沽售 Orange 逾四成股權，次年又以 MMN 一成股權交換 Vodafone 股權，獲利五百億。於是，李嘉誠「賣橙」總共賺了一千六百三十億！一千六百三十億，寫支票是十個「零」，這是李嘉誠人生賺錢最多的一宗交易，我想他一定高興得幾天睡不著覺。

李嘉誠賣橙賺了這麼多錢，當然更喜歡投資電訊。二零零零年，李嘉誠開始將「賣橙」賺回來的錢投資3G，總共在全球九個地方投得3G牌照，包括英國、意大利、香港、澳洲等。和黃單是與合作夥伴競投牌照已花掉超過一千億，其中和黃佔超過六百億；鋪設網絡又花掉逾一千億。這還不止，3G業務連續十年錄得虧損，試過在二零零四年虧蝕三百七十五億，「賣橙」所賺的一千五百億早就燒掉了，還要倒賠。為了解決3G的問題，李嘉誠從和黃分拆香港的固網電話業務出來，注入中聯系統控股有限公司（757），借殼上市，以次日中聯系統收市價急升百分之四十計算，和黃等於以六折的價格配售中聯新股超過十八億股，後來中聯系統改名為和記環球電訊控股有限公司；另外，他將香港、澳門、印度、泰國、斯里蘭卡、巴拉圭等八地的2G業務分拆出來，成立和記電訊國際上市，獲取特殊盈利四十一億。後來和記電訊國際更私有化和記環球電訊，李嘉誠變相又撈一筆，我會在下一章（〈李嘉誠為何一度在香港聲名狼藉〉）詳談。縱使由二零一零年開始，3G終於帶來盈利，但回本實在太難，畢竟5G年代都已經來臨了。如果李嘉誠不是那麼早便投資3G，而是將「賣橙」賺回來的錢投資其他業務，我真不知道可以賺多少倍？八十年代，我有一群朋友在廣州天河區花了六億圈地，後來他們決定不要那塊地了，換成可換股債券。之後我這群朋友當然後悔得要死，皆因天河區樓價大升，如果他們繼續保留土地，在千禧年代起樓出售，大約總值五、六千億。我的另外一位朋友則在一九九六年花六十萬人民幣買了康熙年代的藝術品，大約在二零零七年由蘇富比拍賣，猜猜賣了多少錢？是三千一百萬人民幣！3G是李嘉誠的豪賭，也是他投資的重大錯誤。我想他也為3G煩惱得很多天睡不著覺。天才如李嘉誠，都有眼光錯誤的時候。假如他不是這麼富有，可以出售資產去填補損失，財技又這麼高明，3G已足以將他送上敗亡之路了。

從古到今，誰有錢，誰沒錢，固然有很多不同的因素影響，例如個人性格及智慧，乃至時機，但最重要的，還是運氣。子曰：「富而可求也，雖執鞭之士，吾亦為之。」[34]根本富貴不可求，最後要由上天派彩決定。李嘉誠固然是古往今來中國第一生意人，眼光不同凡響，捕捉時機奇準，但也有失誤之時，無需將他神化。馬世民曾列舉李嘉誠成功的五大關鍵，首先是運氣；其次是時間拿捏準確，而時間準繩多與運氣有關；其餘則是勤力、良好的人際關係，以及懂得用人，真是非常中肯。

34 見《論語・述而》。孔子此句話是說：「如能致富，那怕是趕車，我也會做。」

第㊉章

李嘉誠爲何一度在香港聲名狼藉

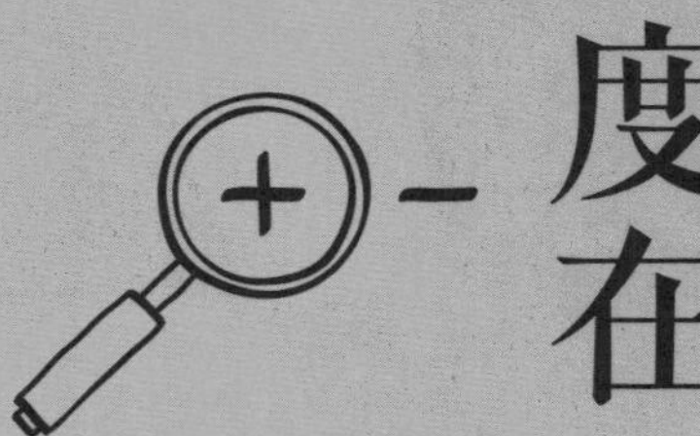

李嘉誠在香港人心目中的地位經歷了大起大落，猶如坐過山車般。七十年代末至九十年代初，李嘉誠由華資地產五虎將中的「末將」，升級成為元帥；連奪中環和金鐘貴重地皮；收購華人行，與匯豐銀行成為合作夥伴；入主英資四大行之一的和黃，成為「超人」，然後生意越做越大，在整個過程光芒萬丈。那時在香港提起「李嘉誠」三個字，人人雙眼發光，差點要跪拜，以香港出現了這位大富翁為榮。一九八七年《福布斯》首次編製全球富豪榜，李嘉誠已榜上有名。那個年代，李嘉誠的聲譽達到巔峰，無論李嘉誠入股甚麼公司，該公司的股價都會上升；無論他說甚麼，香港人都肅然起敬。

不過，風水輪流轉，過了九十年代初期，李嘉誠的聲譽開始走下坡；到二零零零年之後，李嘉誠更成為很多香港人憎恨和蔑視的對象，名聲墮入谷底。李嘉誠早在一九八零年成立了李嘉誠基金會，做過很多善事，捐了很多錢幫助不同的人。他又常常說不同的做人道理，希望大家都好。我想李嘉誠曾經非常不明白何以香港人一度很討厭他？為何不是尊重他？其實因為有很多事情累積起來，才令他的名聲一度轉壞。

第一，地產霸權的問題。多年來，香港樓價節節上升，不少人窮一生精力也未必能夠自置物業，但發展商賺進大把大把鈔票，貧富懸殊嚴重，人們對大地產商越來越不滿。二零一零年，曾擔任郭得勝私人助理八年的潘慧嫻出版了《地產霸權》一書，詳述香港地產由大財團壟斷的前因後果。李嘉誠是地產霸權的代表之一，自然成為人們仇視的對象。

第二，李嘉誠旗下出品的樓宇質素原本不錯，後來越來越令人失望。大約三十年前，我曾經購買北角城市花園居住，發展商是由長實和會德豐合組聯營的國際城市集團。老實說，我覺得城市

90年代開始，香港人對李嘉誠的印象轉差，很大程度是因為「地產霸權」四個字。

花園的質素令人滿意，住下去頗舒服。然而，不少人都說後來李嘉誠出品的樓宇質素每下愈況。舉例，我以前有一個員工住在青衣某私人屋苑，名字就不說了，是由和記黃埔發展的。她說單位的牆身很薄，隔音效果差勁，如果樓上住客在家的話，一定會傳來腳步聲，所以很多時周末也不能靜靜休息；另外單位間隔欠佳，房間及廁所狹窄，又不會考慮住客的儲物空間，所以她住了幾年終於受不了，賣了單位，改買新鴻基地產的出品，地點同樣在青衣，單位的隔音、間隔和儲物空間等都令她感到欣喜。我這位前員工並非個別例子，只要在互聯網上找找看，便可看到很多有關李嘉誠旗下樓宇項目質素欠佳的評論。人們認為李嘉誠越賺越多錢，卻越來越輕視旗下樓宇的質素，簡直無良。

第三，長實的經營手法令人氣憤。我以前購買北角城市花園居住，租用屋苑的車位泊車，可是不久之後，車位便只賣不租，你不買便不要奢望能泊車。反觀新鴻基地產會在旗下屋苑停車場預留部分車位供人租用，作風截然不同。再如長實發售海怡半島車位時，將其中較大的車位劃分為「雙車位」，聲稱可以停泊兩輛車，售價自然比較貴，較普通車位高出數十萬；可是後來長實被揭發撒謊，地契規定這些大車位只能停泊一輛車，長實最後容許買家退款了事。又如長實售賣名城車位時，告知租戶要在一個月內交還車位，時間這麼短，車主根本未必能夠為車輛找到新的安樂窩，因此十分不滿。

第四，李嘉誠有另外一種非常不好的經營手法，便是在長實的商場內，必然有李氏王朝旗下業務的商店，但業務的最大競爭者根本不可能進駐。以電訊商店為例，你可以找到 3，但不會見到 CSL 或數碼通；超級市場必然有百佳或 Taste，但惠康芳蹤難覓；美容及個人護理店有屈臣氏，可是休想找到萬寧等。這種經營手法十分霸道，根本不以屋苑住客利益為前提。屋苑住客縱然不滿，又怎麼樣？不少人為了方便，還是被迫光顧。順帶一說，李嘉誠這招表面對自己有利，實際損害了商場的價值。為甚麼呢？一來商店選擇較少；二來李氏王朝旗下業務的商店不用與對手競價，商場的租值因此減低了，反而佔不到便宜。其實如果經營一間有不同生意的大公司，每門生意都有獨立的財務報表，自負盈虧，不可能依賴其他生意提供津貼。以新城為例，假如李嘉誠下令旗下所有生意都要付營業額百分之十的廣告費給新城，新城當然財源滾滾，但其實是李嘉誠用其他生意的錢去補貼新城，等於左手交右手，沒有實際得益。長實商場的道理也是一樣，實不應該替李氏王朝的生意隔絕最大競爭者，變相倒貼那些生意。李嘉誠這種經營手法不討好，又落伍。

第五，百佳超級市場、屈臣氏個人護理店、豐澤電器等侵蝕小商店的生意，雙方財力太過懸殊，完全沒法競爭，小商戶難以維生。759 阿信屋停售可口可樂一事[35]，令人們驚悉「超市霸權」——即由大財團經營的連鎖超級市場（百佳當阿信屋以每罐二塊七角的價錢售賣可口可樂。因售價便宜，阿信屋稱多次被供應商太古要求加價，於是增加售價至每罐三元八角，但太古仍不滿意。阿信屋為表不滿，停售可樂，太古亦隨即向阿信屋停止供應所有飲品。人們關注阿信屋是否因為威脅到大型連鎖超市的生意，因此被太古封殺，一度正視「超市霸權」這問題。

然是其中一分子）雄霸市場，聯手威迫供應商打壓以便宜售價招徠的小商戶，也令人們驚覺自己的日常生活需要已離不開李嘉誠，因此開始對李嘉誠反感。

第六，李嘉誠有時給人以下觀感：遊走灰色地帶、不擇手段去增加盈利；會仗勢欺人。我在第四章〈工廠老闆時代的李嘉誠〉説過了，長實向嘉湖山莊美湖居的小業主發出律師信，要他們繳交物業差價，令人感覺李嘉誠將人趕盡殺絕，真是令人非常不齒。那些小業主和親友固然會因此痛恨李嘉誠，一些仗義的人（如陳偉業）又怎會對李嘉誠有好的評價？還有如長實在二零一三年拆售雍澄軒酒店，以酒店單位可如常放租給任何人作招徠，與買家簽訂正式買賣合約。不過，其實雍澄軒單位只作旅館用途，並非住宅，分拆出售可能違反地契條例；證監會亦認為拆售雍澄軒屬集體投資計劃，長實應事先獲得證監會批准，最終長實取消所有交易。按照正式合約「必買必賣」的原則，長實應賠償買家雙倍訂金，但結果長實只向每名買家退回訂金，以及賠償區區一萬元，後來態度才軟化，也不知最終有沒有賠償每名買家所有實際損失。長實亦沒有被政府追究失實陳述一事，自然令不少人覺得非常不公平，對李嘉誠反感。

第七，李嘉誠多次將旗下上市公司私有化，其中有些行動令香港人很不高興。李嘉誠頭兩次私有化行動的對象分別是國際城市集團和青洲英坭，沒有甚麼大問題；第三次私有化行動的目標是嘉宏國際，被人罵得很厲害。一九九一年，和黃打算以每股四元一角私有化嘉宏國際。當時和黃已擁有嘉宏國際超過百分之六十五的股份，即是只需四十一億，便可將嘉宏國際收歸私有。其實當時嘉宏國際每股起碼價值五元至六元，小股東覺得和黃簡直跟搶劫沒分別，所以堅決反對。一年後，和黃將收購價提升至每股五元五角，總共花約五十一億，才如願以償，成功將嘉宏國際私有化。

李嘉誠第四次私有化對象是和記環球電訊，同樣令小股東十分不滿。二零零五年，李嘉誠有兩間電訊公司，一間是和記環球電訊，另一間是和記電訊國際。和黃宣布和記電訊國際以每股零點六五元對和記環球電訊實行私有化，或以每兩股和記電訊國際換購二十一股和記環球電訊，等於每股零點七元。小股東一聽便抗議，因為之前和黃配售和記環球電訊股份時，每股零點九元，現在收購價居然這麼低？但和記電訊國際寸步不讓，因為和記環球電訊每股市價只是零點四七五元，現在的收購價已高出約百分之三十六，結果私有化成功。有人批評李嘉誠非常不厚道，因為和記環球電訊借殼上市時，人們原本期望和記電訊國際的資產會陸續注入和記環球電訊，令股價上升，所以買入和記環球電訊的股票，又在配股時予以支持。怎料李嘉誠只將香港固網電話注入和記環球電訊後，便沒有動作，然後將和記電訊國際單獨上市，那代表甚麼？代表和記環球電訊上市只為集資撈錢之用！然後再來私有化，嘩！簡直是合法搶錢！不要忘記二零零四年時 3G 虧損達破紀錄的三百七十五億元，李嘉誠根本是為 3G 輸血。身受其害的小股東當然甚感氣憤，怎會還說李嘉誠的好話？

李嘉誠第五次私有化對象是 Tom Online。Tom Online 的招股價是一點五元，由於股價表現欠佳，所以當 Tom 集團以每股一點五二元提出私有化時，便順利通過了。

不少小股東因為「李嘉誠」這個名字，所以買入李嘉誠旗下的股票。如果是業績表現欠佳，股價下跌，沒法怪誰，但李嘉誠常常將公司私有化，收購價不合理，玩弄財技，所以人們不再視李嘉誠為神，而是貪得無厭的商人，因此對他的評價越來越差。

第八，香港大學醫學院冠名事件（可參閱第四章〈工廠老闆時代的李嘉誠．不義而富且貴〉）傷害了香港大學醫科生的感情。學院的前身是香港華人西醫書院，早在一八八七年已創立了，然後在一九零七年改名為香港西醫書院，連國父孫中山也是書院的學生，比一九一零年才成立的香港大學歷史更悠久。香港大學創辦後，將香港西醫書院併入本部成為醫學院。港大醫科生認為李嘉誠只是一名極成功的商人，與醫學沒有丁點關係，更不要說有甚麼貢獻，為何捐十億便可以獲得冠名權？好像將這所歷史悠久的醫學院出售，變成李嘉誠的私人產業般。何況，因捐錢而獲得學術機構的命名權並不少見，但那些多為新成立的機構，或者是新興建的建築物，例如史丹福大學的「李嘉誠知識研究中心」，便是由李嘉誠捐款建成的醫學院主要教學大樓；歷史悠久的名校或學院因捐款而改名或冠名極少。試想想，百年老校或學院的畢業生極多，不少人享負盛名，忽然有一天，自己教育的出身地名字不同了，若干年後，可能便有很多人未聽説過那些名人出身院校的名字了。當時港大醫學院院友及學生都對冠名事件甚為不滿，鬧得滿城風雨，李嘉誠的形象和名聲又因此事受到負面影響。

第九，早在一九八一年，香港電燈與中華電力已開始聯網，但其實平時不通電，只在緊急事故發生時才接上電源；而且多年以來，兩電聯網沒有與時並進，假如港燈在南丫島的發電廠真的發生甚麼事，聯網所能提供的電力根本無法應付實際需要。其實港燈多年來都反對聯網，便是避免中電透過聯網向港島區提供電力，令港燈無法壟斷。港燈電費較中電電費高，港島區居民和營商者多年來都要付高昂電費，怎會原諒李嘉誠呢？

第十，李嘉誠與董建華的關係説不清，理還亂。當年東方海外負債累累，除了霍英東出手相救之外，也少不得李嘉誠的一份。一九九二年，李嘉誠以每股五元六角，總共約一億七千五百萬元購買東方海外百分之六的可贖回優先股，為期四年，結果東方海外的股價在接近到期日前仍然低於五元六角的行使價。平日無寶不落的李嘉誠怎樣做？仍然願意兌換東方海外的股票，次年董建華便成為首屆香港行首。更妙的是本來沒有多少人知道李嘉誠出資營救東方海外，只是二零零三年香港實施新的《證券及期貨條例》，向公眾申報持股的水平由百分之十減至百分之五，長實和黃系才要披露持有的百分之九點八九東方海外股權。當時人們已經議論紛紛：回想一九九九年，李澤楷未經公開競投已取得數碼港的地皮，用來興建貝沙灣；二零零零年 Tom.com 在創業版上市獲多項豁免優待，例如不足兩年營業紀錄仍可上市，覺得董建華難道是滴水之恩，湧泉相報？董建華有多受香港人歡迎，不用我多說，李嘉誠跟董建華的名字連成一線，又哪會不令人咬牙切齒？

第十一，李嘉誠的兩個兒子也連累了老父的名聲。先說李澤鉅。二零一三年，和黃旗下香港國際貨櫃碼頭（HIT）外判工人罷工，讓香港人知道碼頭工人工作環境惡劣，工時長，但薪金微薄。工人普遍得到大眾同情，有不少人和團體支援，但縱使他們曾遊行到長江中心外示威，主理罷工事件的李澤鉅仍然置之不理。在工潮期間，李嘉誠曾想開腔回應記者的問題，但被李澤鉅阻止。直到工潮進入第四十日，外判商才以加薪不足百分之十的方案與工人和解。人們覺得李澤鉅為富不仁，刻薄基層，甚為討厭。愛屋及烏，恨屋也及烏，人們自然也扣減對李嘉誠的印象分。至於李澤楷，本來聲譽不錯，但電訊盈科令不少小股民幾乎賠光血汗錢，當然嚴重毀譽。部分較年長的小股東想起李澤楷成功鯨吞香港電訊，正如當年李嘉誠吞噬和黃，父子先後獲得那麼巨大的美食，這個世界真是非常不公平。新仇舊恨一併爆發，本來覺得李嘉誠是神的小股東當然扭轉了看法，將李嘉誠拉下神壇，甚至覺得他討厭。

李嘉誠的名聲和形象就是受到這種種不同的事件影響，一度由萬人景仰變成聲名狼藉。此外，個人覺得李嘉誠有兩點十分令人受不了的地方，讓我順道說說。

首先是李嘉誠做生意厲害，有目共睹。他不想自己讚自己，當然沒有問題，他謙虛嘛，但他說話像是一個聖人般，真是聽到都替他尷尬。他說：「當生意更上一層樓的時候，絕不可有貪心，更不能貪得無厭。」那怎麼做塑膠花的時候，開拓了歐洲市場，又拼命打開北美市場？做了首富，將李氏王朝的業務與旗下屋苑作捆綁式經營？他又說：「凡事都留個餘地，因為人是人，人不是神，不免有錯處，可以原諒人的地方，就原諒人。」咦，那為何不替嘉湖山莊美湖居放棄訂金的業主留個餘地呢？他籌辦汕頭大學時，有人提議叫「李嘉誠大學」；大禮堂落成時，又有人建議將禮堂命名為「嘉誠堂」，李嘉誠全部謝絕，說：「這個名呢，真的是……如果你建起一個大學，太多的股東的名字，這邊一個，那邊一個。我自己好像是感到有不好的地方。」那香港大學「李嘉誠醫學院」這個名字又有甚麼好的地方呢？史丹福大學的「李嘉誠知識研究中心」又為何沒有不好？另外，李嘉誠捐四千萬美元給美國柏克萊加州大學，用來成立研究中心，所以大學將之命名為「李嘉誠生物醫學和健康科學研究中心」，為何李嘉誠不推辭？有時我聽他的說話，真是無語又無奈。

其次，在很長的一段時間內，李嘉誠都表現得像一位情聖，一生只愛莊月明，沒有其他女人，直到後來人們知道他有紅顏知己，他才不裝作情聖。我都說我絕對相信他和莊月明一開始是童話愛情故事，但無論一個男人多麼深情和痴情，都很難沒有其他女人。清朝的順治皇帝夠痴情了吧？他愛董鄂妃愛得要命。如果製作一個中國歷史痴情男子排行榜，順治一定打入三甲。不過，他總共有皇后和嬪妃三十七人，生了十四個孩子。不要說因為順治是皇帝，為了江山社稷，千秋大業，所以才會這樣，就算帝王家要傳宗接代，也不用有這麼多嬪妃和孩子，實在這是男人的天性而已。李嘉誠有紅顏知己很正常，何必愛惜情聖之名？「誠者自成也……君子誠之為貴」[36]啊！

正當大家都以為李嘉誠的名聲會一直低走下去，萬萬意想不到的事情又發生了，便是他竟然再次成為香港人心目中的英雄，重新獲得尊重。為甚麼會這樣呢？其實源於兩件事：第一，他在二零一二年特首選舉中，支持唐英年到底，不願遵從北京要他力挺梁振英的要求；又在二零一七年特首選舉中，頂住北京要他支持林鄭月娥的壓力，只說自己不提名任何人，亦不會公開表示投票給誰，總之不明確表態。香港人覺得李嘉誠沒有做北京的應聲蟲，有膽有識，因此一改對他的觀

36 見《中庸》。

感。第二，在雨傘運動時，李嘉誠直言運動對旗下公司「損失好少」，強調「要講良心説話」；到反送中一役中，登報説「黃台之瓜，何堪再摘」（可參閱第十四章〈如何解讀李嘉誠的兩則廣告？〉），又表示希望執政者對年輕人網開一面，是香港少有為抗爭者發聲的超級富豪，令人們感到非常安慰，因此被網民稱為「最強黃絲」；之後李嘉誠又在新冠肺炎疫情下慷慨捐助醫護及中小企，這些言論及行為均使他的聲望大大回升。於是，李嘉誠又成為很多港人熱愛的對象。

此外，人們發現在北京眼皮底下，李嘉誠居然仍能成功從內地和香港走資，無人能阻，就像是四肢被捆綁的魔術大師胡迪尼（Harry Houdini）倒懸在水牢中，當水牢注滿水後，仍能從水中逃脱一樣，非常神奇，簡直能人所不能，絕非王健林和馬雲等可比，故此李嘉誠又變回香港人心目中的超人，再次成為港人的驕傲了。

第十一章

李嘉誠的兩個兒子

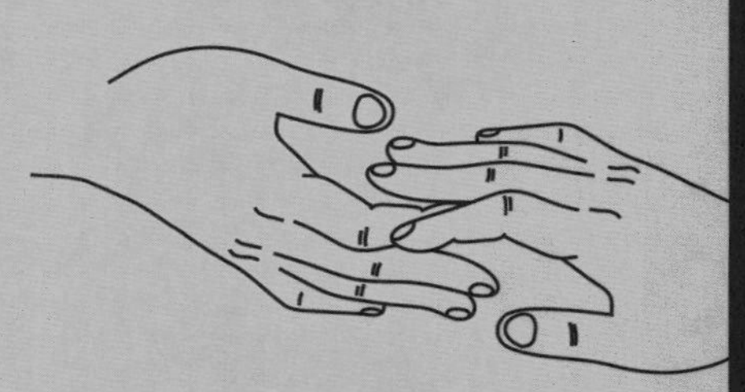

李嘉誠的兩個兒子如何？我認為他們都是非常聰明的人。

李嘉誠長子李澤鉅畢業於頂尖名校聖保羅男女中學，一九八一年會考考獲五科優(A)的成績，包括英語和數學。之後他到美國史丹福大學留學，遵從李嘉誠的意思，入讀土木工程系，考取了學士和碩士學位。他非常勤力，唸書成績也十分優秀，畢業後便加入長實工作，人生軌跡一直跟從李嘉誠的安排。從表面上看，李澤鉅是一個聽話的兒子，但我親耳聽過兩件事，如果是真的話，那麼我相信李澤鉅骨子裏有非常反叛的一面，只是在公眾面前不顯露出來。

第一件事是一九九五年希爾頓酒店被拆卸，重建成為長江集團中心時，李嘉誠和李澤鉅率領眾人在地盤巡視。一行人浩浩蕩蕩，聲勢十足。李嘉誠一邊看圖則，一邊批評建築欠佳，要怎樣怎樣才對。李澤鉅最初不作聲，待父親發表完畢，反駁說李嘉誠懂甚麼？有甚麼不對？足足說了半小時。在場百多人不要說勸片言隻語，連咳嗽也不敢，生怕小命不保。終於李嘉誠忍無可忍，說：「好喇喎，Victor，我依家仲係長實主席哩喎！」這事是其中一位當時在場的朋友告訴我的，我不在現場，不知他有沒有編劇上身，加油添醋。

第二件事是我的另一位朋友在九十年代末出售深水灣道某獨立屋，開價二億多。李嘉誠決定購買，還下了訂。買家是全港首富，我的朋友當然樂不可支，覺得說出去十分威風，自然到處宣揚。誰知他高興不了幾天，便突然接到李嘉誠的電話，說決定不買那間獨立屋了，問可否退回訂金？我的朋友在錢方面沒所謂，便將訂金退回去，但他對自己無法與李嘉誠完成這宗交易甚感惋惜，便努力打聽為何李嘉誠改變主意？後來聽說原來李嘉誠打算將獨立屋送給李澤鉅，讓李澤鉅一家在自己附近居住，並在吃飯時宣布此事。李澤鉅一聽，大罵父親瘋了嗎？花這麼多錢買一間獨立屋？有錢是這樣花的嗎？罵聲持續半小時，終於罵走李嘉誠買屋的興致，取消交易收場。我的朋友後來告訴我這件事，但他不願透露是從甚麼途徑打聽回來的。

假如這兩件事百分之百真實，那麼李澤鉅對李嘉誠的唯唯諾諾似乎都是裝出來，在公眾面前和背後是兩回事。平心而論，李澤鉅天生贏在起跑線上，人聰明，唸書又好，自覺十分優秀是人之常情。李澤鉅亦有帝王本色。李嘉誠退休後，與李嘉誠合作良久的工程判頭被打入冷宮，自詡與李嘉誠熟稔的人更被驅除殆盡，部分舊部亦被趕走。我相信李澤鉅想證明自己比光芒萬丈的父親毫不遜色，甚至更有能力。我祝他好運。

至於李嘉誠次子李澤楷又如何？李澤楷本來同樣唸聖保羅男女中學，但在一九七九年便轉到美國升讀中學，當時他只有十三歲。李嘉誠沒料到此舉造成了非常嚴重的問題：第一，李澤楷和兄長李澤鉅的感情本來就不親密，就算在香港同一所學校唸書，也是各有各玩，去到美國後，李澤楷更幾乎不與兄長聯絡；第二，李澤楷起初很不適應美國的生活，當然了，一個小少爺，突然沒有父母在身邊，又沒有工人使喚，英文又不足夠與當地人好好溝通，怎可能習慣？所以李澤楷曾經形容那段日子「好像在地獄一樣」。那時李澤楷每天晚上都會打電話給母親莊月明談心和訴苦。為甚麼不找父親談？李嘉誠曾說自己是「不太現代嘅爸爸，少少唔啱就鬧。（父子）唔係關係不好，係我惡。」我相信李澤楷自小便和父親感情較淡，在那段時間和父親更疏離，基本上沒甚麼溝通。

李澤楷畢竟年輕，很快便學會獨立，會自己做飯和炒雞蛋，英語溝通亦沒有問題，完全適應了美國的生活，不過這對李嘉誠來說也不知是好事還是壞事，因為李澤楷覺得自己應該和美國其他同學一樣，靠自己獨立生活，所以他先後到麥當勞快餐店和高爾夫球場做兼職，自己賺錢花。他考入美國史丹福大學，選讀電腦工程，也是自己的意思，跟李澤鉅遵從父親的安排大相逕庭。可以説，由李嘉誠決定送李澤楷到美國讀書的那一刻開始，已注定李澤楷從此不再聽老父的説話了。因此，李嘉誠曾説：「你不要説他（指李澤楷）四十歲，他就算十四歲，都未必管到他。」李澤楷甚至還差一年才取得學位，便決定休學，去了投資銀行工作，這當然又是他自己的決定，不論李嘉誠事前知道與否，都左右不了。到了一九九零年元旦，莊月明猝死，李澤楷回港奔喪，非常傷心，在李嘉誠再三勸説下，決定回港工作。李澤楷加入和黃，跟隨馬世民學習，後來出售衛星電視，賺了超過三十二億，當時他只有二十五歲，當然是年少有成，後生可畏。傳聞馬世民不再做和黃大班，也是因為李澤楷鋒芒畢露，他已被李氏父子架空所致。理論上，李澤鉅掌管長實，李澤楷主理和黃，兩兄弟各自繼承李嘉誠的王國，應是李嘉誠的心願，只是李澤楷另起爐灶，走出去自己創業，大出李嘉誠意料。

我覺得李澤楷與李嘉誠的性格有一點非常相似之處，便是二人都不願屈居人下。李澤楷自小便不喜歡跟在哥哥背後，好像要唯哥哥馬首是瞻似的；長大後聽到別人稱他為「李嘉誠的兒子」便很反感，覺得他要靠父蔭般，所以他堅決自己創業，證明自己的能力，也不受任何人控制。至於他與李嘉誠的關係是否如坊間所説般不和？我相信這段父子情本來就不深，莊月明死後，父子情更淡，畢竟李澤楷是幼子，和母親的感情一直很好，而李澤楷必然知道父親另外有女人；但我想不至於父子不和這般嚴重，最多只是比較緊張而已，否則李澤楷也不會願意留港，加入和黃。不過，無論在公在私，李澤楷都不喜歡李嘉誠過問或插手他的事。舉例，二零零六年，李澤楷想出售電訊盈科的股權。李嘉誠知道北京不想李澤楷這樣做，便透過李嘉誠基金會出錢，授意好友梁伯韜組成財團認購。李澤楷知道後大為氣憤，為最終收購案被股東否決感到高興。再如據說在一段很長的時間內，李嘉誠都無法直接找到李澤楷，要透過致電李澤楷的私人保鑣洪立明，才可以跟李澤楷聯繫，結果有一次李澤楷將洪立明的電話扔入大海，因為他不喜歡老是被父親知道自己的行蹤。直到二零零九年，李澤楷與梁洛施誕下兒子，李嘉誠親自為孫兒改名「李長治」；之後李梁攜帶兒子與李嘉誠賀壽，李澤楷又在元旦和李嘉誠同去拜祭莊月明，父子關係才緩和了。

二零一八年三月十六日，李嘉誠宣布退休，將長和系王國傳給李澤鉅，自己則會在財力上支持李澤楷在外面東征西討，收購企業。

其實，李嘉誠兩個兒子的性格也跟統計學脗合。在一家人之中，大兒子直接繼承父系的權威，通常為人較保守；次子為了爭取地位，大多較反叛。當然不是每個家庭都是如此，但這是大多數的情況，因此革命領袖、科學家、創業者多是次子。另外，假如一個家庭有三至四個兒子，又沒有女兒，那麼三子和四子成為後天同性戀者的機會比較大。為何會這樣？暫時沒有科學解釋，但我推敲了我覺得合理的原因，便是姐姐大多會保護弟弟，哥哥又會保護妹妹，可是沒有女孩時，哥哥們多數會欺負弟弟。那麼做弟弟的怎麼辦？如果是反叛性強的，當然跟哥哥們正面衝突，甚至單挑，看哥哥們敢不敢再惹自己！不過若果性格比較懦弱的話，連頂撞也不敢，更不要說打，唯有減少雄性睪丸酮的排放，讓自己變得打從心底順從，減低被哥哥們欺負的機會，結果不知不覺便變成同性戀了。

第十二章

李嘉誠給習近平的絕交書

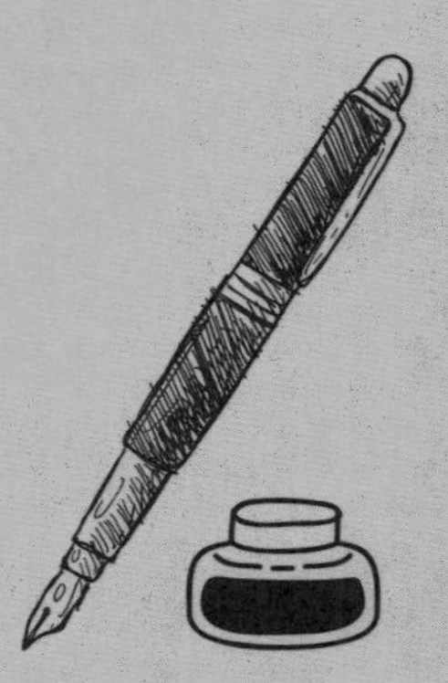

一、李嘉誠跟北京關係的變化

近四十年來，李嘉誠跟北京的關係可以用四個字概括：盛極而衰。

一九七八年，中國實行改革開放，不過李嘉誠一直沒有投資內地，直到一九九二年鄧小平南巡後[37]，李嘉誠才開始拓展內地市場。以前大陸一窮二白，一家人輪流穿一條破洞褲也不誇張，李嘉誠則已富甲一方，正是國家改革開放需要的「人財」，因此國家領導人都對他重視三分，例如鄧小平曾單獨接見他兩次；江澤民在任時曾三次訪港，每次都在李嘉誠旗下的紅磡海逸酒店下榻，還會和李嘉誠父子一起吃早餐。連李嘉誠這麼謹慎的人，都曾公開說自己與江澤民是「親密的戰友」，可以想像李嘉誠當時直達天聽，與北京的關係達至巔峰。李嘉誠素

鄧小平與李嘉誠。（資料圖片）

37 一九九二年一月十八日至二月二十一日，鄧小平到深圳、珠海、廣州、上海、南京等城市巡視，發表講話，強調中國「發展才是硬道理」，要實行改革開放，搞好經濟，發達起來等。鄧小平南巡影響深遠，確定及加快中國改革開放的步伐。此後二十年，中國經濟急速發展。

來沒有一官半職，可以憑藉商人的身分與國家領導人建立這麼密切的關係，絕對是傳奇。當然，也因為他是國家的重點統戰對象。

江澤民的繼任者胡錦濤呢？那時大陸開始富起來了，李彥宏、馬化騰、丁磊等富豪冒起，雖然他們的資產仍無法跟李嘉誠相提並論，但李嘉誠不再像在太空般那麼遙不可及，起碼也回到地球了吧。何況，胡錦濤行親民路線，刻意與權貴保持距離，所以李嘉誠跟領導人的關係開始走下坡。在胡錦濤任內，官方傳媒如中央電視台、新華社、《參考消息》等甚至出現李嘉誠售賣北京大型樓盤逸翠園「爛尾」（例如牆身傾斜和天花板滲水等）的報道，這麼赤裸裸，有傳是因為李澤楷一度執意賣掉電訊盈科，以及爭取香港加快特首民主選舉進程，令李嘉誠與北京關係變得緊張。雖然在二零一零年的深圳經濟特區成立慶典前，胡錦濤特地以高規格單獨接見李嘉誠，笑說「不管時間長短，我總是要見一見李先生，跟李先生聊一聊」，然後在慶典上又特地走去跟李嘉誠握手，聊了接近十分鐘，可見李嘉誠不知如何已跟胡錦濤修補了某程度的關係，但終究不可跟與江澤民的關係同日而語。二零一二年梁振英和唐英年競逐香港特首，李嘉誠表明支持唐英年，結果北京不尊重他的意見，選了他非常反對的梁振英登頂，反映李嘉誠和北京的關係大走下坡。

習近平在二零一三年上台後情況更壞。習近平從未跟李嘉誠私下見面，由始至終都不相信這位香港富豪，就算在公開場合也沒有如何給李嘉誠「恩寵」，只在二零一七年香港回歸二十周年慶典上與李嘉誠握手十三秒，略略交談而已。春江水暖鴨先知，李嘉誠是第一個知道自己在領導人心目中的地位跌得比股災還慘烈的人，因此他開始在內地撤資，將投資重心轉到歐洲和北美。

二、內地做生意大不易

外資在大陸做生意，可能會有甚麼遭遇？

第一，內地官員跟外資磋商投資條款時，無論甚麼條件都答應，甚麼文件都會簽署，因為他們根本不打算兌現。中國在二零零一年加入世界貿易組織，曾答應會讓外國銀行享受國民待遇、對外國企業開放通訊市場等，十九年過去了，說好的承諾呢？還未履行，其實是不準備履行。

第二，地方政府可能會使盡渾身解數去阻撓、刁難，甚至直接跟外資競爭。這點我有親身經驗。十多年前，我在香港投資醫學美容生意，都算頗受歡迎，便根據《內地與香港關於建立更緊密經貿關係的安排》（CEPA）向廣州地方政府申請到廣州拓展業務。廣州地方政府怎樣做呢？將我的申請通知廣州的美容醫生，說如果他們不反對的話，我便可以去廣州做生意了。廣州地方政府料到當地的美容醫生不想引入外來競爭者，所以才這樣做，結果當然如願以償。

不要以為只有我這種普通外資商人嘗不到甜頭，就連新加坡前總理李光耀也曾經中招。話說九十年代，李光耀得到鄧小平的同意，在蘇州興建工業園，還辦得有聲有色。蘇州地方政府眼紅，於是找了一處地方，將整個新加坡工業園「複製與貼上」——照辦煮碗興趣另一座工業園，並用大減價及優惠去搶奪新加坡工業園的生意。李光耀當然大為光火，直接向已繼任中央領導人的江澤民投訴，仍不得要領，更在北京協調之下，向蘇州地方政府讓出大部分股權算了。

為甚麼李光耀貴為新加坡總理，能夠直接與中共領導人對話，都可以被區區一個大陸地方政府擊敗呢？其實外資進入大陸做生意前，一定要覺悟一點，便是無論你認識的人職位有多高，都要忍著不說出來！千萬不要以為拋出這人的名字，便可令地方政府舉白旗，相反，你越是這樣做，地方政府越是鬥志旺盛，向你施以連環重拳！想想看，地方政府刁難你，有甚麼原因？便是要你給好處，但只要你開始這樣做了，地方政府便會不斷有諸般藉口和理由去拖延你，目的是繼續苛索。霍英東終其一生都無法如願發展南沙，便是因為地方政府為難之故。如果你不忿無止境的敲詐，直接向你認識的高層人士投訴，那麼地方政府在高層人士的壓力之下，會裝模作樣處理一下，但其實不會有甚麼進展；縱使高層人士明確示意地方政府批核外資開業的申請，地方政府只要說單位收支不平衡，因此要外資奉獻，否則會影響績效考核，拖累國家表現便可以了。這樣高層人士也不好為了你而強迫地方政府辦事。總之地方政府一定會找到説辭，你奈她不可。然後地方政府為了報復，一定加倍為難你，你都不知道應否壯士斷臂才好。

第三，內地官員覺得外資來做生意，根本就是來佔便宜，必須用敵我心態對付。很多年前，我和家人經營西山面磚廠，去溫州開會。當地有些人替我們説話。溫州黨委書記聽了，便説那些人的屁股坐錯了位置，到底站哪邊？內地官員就是抱著這種敵我思維，覺得外資是帝國主義衍生出來的怪物，跟他們不是同一個道上的人，一定要對立。

第四，就算成功進入大陸做生意，也別太高興，因為政局風雲變幻，隨時影響商人的安樂茶飯。舉例，北京東方廣場原本預算的投資額是十三億美元，李嘉誠是大股東，佔百分之六十四的股權。本來東方廣場的批文都已拿到手了，但在工程進行期間，時任北京市副市長王寶森因商業犯罪案而畏罪自殺，北京市委書記陳希同則被罷免，因此又要重新遞交批文，待批准後才可復工。結果設計要一改再改，縮減高度、闊度和建築面積等，李嘉誠所佔的股權也減少至百分之五十二，幾經艱苦才獲准再施工，最後花了二十億美元才完成項目。

三、重點提防對象

十多年前，時任無綫電視董事總經理方逸華去北京，與主管意識形態的中央政治局常委李長春見面。李長春問方逸華說，邵六叔年紀這麼大了，會否出售無綫電視？他對這個電視台的前途有點擔心；如果要賣的話，最重要是不要讓某些人買去。李長春指的其實就是李嘉誠。為甚麼呢？原因就是李嘉誠的勢力實在太大了，而且李澤楷曾有不好的記錄。九十年代，李澤楷經營衛星電視，覆蓋大陸、台灣及印度等亞洲地區，誰知有一天，李澤楷突然飛到法國科西嘉島，登上新聞集團主席梅鐸（Rupert Murdoch）的私人遊艇，與這位傳媒大亨密談，成功以九億五千萬美元將衛視賣給梅鐸。梅鐸是外國人，當時又未娶鄧文迪，憑自己根本不可能打入中國市場，所以他覺得這宗交易十分吸引。李澤楷呢？扣除投資衛視的約一億二千萬美元，淨賺約八億三千萬美元，即是超過六十四億港元，因此二人都十分開心。可是北京最重視傳播媒介，相傳鄧小平知道李家將這麼重要的利器賣給外國人後，大為震怒，從此不讓李家沾手傳媒，亦不願見李澤楷。後來江澤民上台，李嘉誠帶李澤楷赴京，設宴謝罪，才總算平息事件。至於梅鐸在大陸的發展當然寸步難行，經過十多年的努力，投入大量資金，還是得不到回報，最終他將亞洲發展重心由大陸轉移到印度去。總之，正因為前車可鑑，所以北京絕不會讓李家有買下無綫電視的任何機會。最終，到了二零一一年，無綫電視被

「殼王」陳國強組成的財團收購。當時坊間盛傳李嘉誠與陳國強熟稔，李嘉誠才是無綫幕後的大老闆。這簡直是胡說八道，李嘉誠明知北京對自己在香港的勢力疑懼到這種程度，前此又有衛視一事，哪敢碰傳媒？短短四年過去後，陳國強便將部分股權賣給華人文化傳媒娛樂投資有限公司，該公司屬於與中共關係密切的黎瑞剛。自那時起，黎瑞剛已成為無綫電視的決策人。為何TVB會變成網民口中的CCTVB？不用我多說。

其實，一九九零年，香港的GDP（本地生產總值）大約是七百六十九億美元，而大陸則約為三千八百七十八億美元。當時廣東、江蘇、浙江和山東四省的GDP總值加起來，也遠遠及不上香港。李嘉誠在九十年代初開始大舉投資大陸，當時他已經富可敵國，為何接近三十年過去了，他在內地也賺了不少錢，但他的身家反而及不上恒大的許家印？也一度被萬達的王健林超越？不計馬雲和馬化騰等，我只說憑藉房地產致富的大陸富豪，在九十年代初完全默默無聞，如何能跟李嘉誠相比？說一句難聽的話，那時他們的身家大約只有李嘉誠的一條底褲而已。何況那時李嘉誠已擁有無數人材，熟悉房地產的每一個環節，包括建築、採購和經營等，至於甚麼內地法規條文云云，他只需出錢，又哪會找不到專業人士幫他處理？結果在內地所得連人家的零頭都不到。做生意做成這樣，怎不令他沮喪？因此，他在二零一三年接受《南方都市報》專訪時，便說在健康社會中，政府與企業的關係息息相關，關鍵是政府的權力要在法治的基礎上公平公正地落實執行政策，香港不能人治，永遠不能選擇性行使權力；另外，政府不會因個別領導人或官員的變動而受影響，最重要是政策要令商界有信心。他的說話背後有甚麼含意，不言而喻。

四、李嘉誠的絕交書

在這種種背景下，當內地「瞭望智庫」在二零一五年九月十二日於微信公眾號發表〈別讓李嘉誠跑了〉一文後，李嘉誠決定反擊，在九月二十九日透過集團向傳媒發出長達三頁紙的回應稿。從內容上看，李嘉誠等於向習近平發出絕交書。

在回應稿一開始，李嘉誠便說：「我明白言論自由是一把兩刃刀，因此一篇似是而非的文章〈指〈別讓李嘉誠跑了〉

别让李嘉诚跑了：地产财富与权利走得近 不宜想走就走

本来，商业如水流，逐利是资本的本性。李嘉诚想去哪里就去哪里。但是，鉴于李嘉诚最近二十年在中国获取财富的性质，似乎不仅仅是商业那么简单。众所周知，在中国，地产行业与权力走的很近，没有权力资源，是无法做地产生意的。由此，地产的财富，并非完全来自彻底的市场经济。恐怕不宜想走就走。

作者：罗天昊

2015年，新華社批准成立的〈瞭望智庫〉發表了〈別讓李嘉誠跑了〉一文，指李嘉誠「在中國經濟緊張時刻，李嘉誠不顧中央此前對其在基礎設施，港口、地產等領域的大力扶持，拋中國於不顧，不停拋售，嚴重影響大陸信心，造成悲觀情緒蔓延，可謂已失道義。」

一文），也可引發熱烈討論，這是可以理解的」。李嘉誠用的是諷刺手法，皆因國內沒有言論自由，而這篇文章能夠發表，引起熱烈討論，還沒有被刪除，無數的網頁轉載也沒有被「404」，自然是官方蓄意縱容。

李嘉誠緊接說「但文章的文理扭曲，語調令人不寒而慄，深感遺憾。」為甚麼李嘉誠的措辭這麼嚴厲？當年他南下逃避戰亂，在港發跡時，大陸先後經歷三面紅旗[38]和文化大革命，全國陷於苦難。鄧小平堅決推行改革開放，不走回頭路，即是改過自新，以後再無文化大革命之類的荒謬事，終於李嘉誠在九十年代回去投資，誰知二十五年後竟出現這種批鬥資本家的文章，因此李嘉誠用詞非常強硬，既憤怒異常，亦心寒無比。

然後，李嘉誠用問答的方式概括自己受到甚麼指摘，自己的想法和回應如何，並不時列舉論據佐證。

第一條問題是為甚麼李嘉誠不回應連日受到的抨擊？李嘉誠回答說因為事件發生時，習近平即將訪美，不想自己的回應被人「借題發揮，引起更廣泛的國際討論」。想想李嘉誠這樣說多麼自負！他認為自己能夠影響元首出訪這種頭等國際大事，自我界定的位置十分高。雖然李嘉誠的回應有傲氣，但無可否認他說的是事實。他是華商的代表性人物，業務遍布全球，所經營的企業在國際上屬於一流末，二流頭，雖然及不上科技和石油公司，但與民生息息相關，非常重要，

38 三面紅旗指總路線、大躍進、人民公社。

是全球重視的人物。此外，李嘉誠這樣回應棉裏藏針，等於提醒習近平說，自己在國際上有名望，如果因應受到的抨擊作出反駁，對習近平也有影響。舉例，假如傳媒在習近平出訪時的記者會問道，李嘉誠終於回應有關他的抨擊了，二人是否不和？針對李嘉誠的抨擊甚多，北京是否痛恨李嘉誠這種資本家，決定走回頭路？到時習近平難以回答，李嘉誠會覺得不好意思。

第二條問題問為何李嘉誠頻頻出售內地房地產，但仍否認撤資？李嘉誠解釋公司的信念，又用數字論證自己沒有撤資，然後說習近平提倡一帶一路，鼓勵企業「走出去」，所以自己到海外其他地方投資，只是響應習近平的政策而已。這番話其實也是一把兩刃刀，一方面警告攻擊他的人不要再咬著說他撤資不放，否則等於違抗習近平的聖旨！另一方面也提醒習近平不要忘記自己奉行的政策及說過的話，不然便是自打嘴巴，以後說甚麼也沒人相信。

第三條問題問李嘉誠與中央關係是不是有變化？李嘉誠在回答中再次「提醒」習近平「多次強調中國將繼續維持深化改革的堅定承諾，擴大開放」，而李嘉誠亦不相信文革式的思維復甦。李嘉誠言下之意，自然是說官媒抨擊他的文章沒完沒了，其實正在重新走上文革的老路，結果只會令包括他在內的全國資本家沒有好下場，國家發展亦會大受拖累，習近平是否想這樣？

李嘉誠在最後一條問題回應關於他「不愛國」的言論時，沒有直接回答他很愛國，而是說他「目睹國家改革三十多年翻天覆地的變化，國家天天進步，內心觸動不已。」間接表達他的愛國之情，當然亦不忘再次提醒習近平說，國家改革開放才能進步，令人感動。接著，李嘉誠又說：「蘇軾及白居易說得好：『此心安處是吾家』[39]以及『我身本無鄉，心安是歸處』[40]。」蘇軾因「烏台詩案」[41]被捕入獄，數十名與他有往來的官員因此受到株連，其中一人是王鞏。王鞏被貶到賓州（今廣西賓陽縣南），在北宋時屬於嶺南地區，十分偏僻。王鞏的歌女柔奴不畏艱苦，與他同往。幾年後王鞏終於北歸，再與已被釋放的蘇軾見面。蘇軾問柔奴道：「嶺南一帶的風土應該不好吧？」柔奴答道：「此心安處，便是吾鄉！」蘇軾大為讚歎，所以寫作《定風波》一詞讚賞柔奴，內有「此心安處是吾鄉」一句。李嘉誠改寫成「此心安處是吾家」，用「家」字代替「鄉」字，即是甚麼意思呢？其實是指無論海角與天涯，令他感到心安的地方，便是他的家。如何可以令他心安？自然是讓他享有人權，不受迫害的地方。現在他受到不同的文章攻擊，全是文革式批鬥，那就不能令他心安，而是回應稿開段所說的「不寒而慄」了，那又怎能是他的家？另外「我身本無鄉，心安是歸處」這兩句詩，出自白居易的《初出城留別》。當年白居易被罷免京城的中書舍人官職，貶謫到杭州任刺史，途中寫下了此詩，全詩為：「朝從紫禁歸，暮出青門去；勿言城東陌，便是江南路。揚鞭簇車馬，揮手辭親故。我生本無鄉，心安是歸處。」翻譯成白話便是：「早上從皇宮拜

39 見蘇軾《定風波．常羨人間琢玉郎》，原句為「此心安處是吾鄉」。

40 見白居易《初出城留別》，原句為「我生本無鄉，心安是歸處」。

41 北宋神宗元豐二年，蘇軾進《湖州謝上表》，結果被御史台的人構陷，說蘇軾在表中的用語諷刺新法改革。神宗批示將蘇軾逮捕下獄，後來赦免。所謂烏台即御史台，因御史台常有烏鴉棲息築巢，故名之。

別天子回來，傍晚便要從京城離開。不要以為我對城東的道路很陌生，其實我以前經常來這地方，前面那條便是通往江南的道路，我實在捨不得離開京都啊！我揚鞭簇擁著車馬，揮手告別親戚和好友。我一生本來便沒有故鄉，只要心安的地方，就是我的歸處。」李嘉誠將「我生本無鄉」的「生」字改為「身」字，變成「我身本無鄉，心安是歸處」，再結合原詩的前文，意思便是他本來不是在香港出生，他現在身處的香港本來就不是他的鄉下，但香港有完善的法治和制度，令他心安，是他的歸處，只是現在他已備受官媒喉舌攻擊，那他已不再心安，要「揚鞭簇車馬，揮手辭親故」，即是跟香港——當然也指大陸——告別，將李氏王朝的重心轉移到歐洲和北美，正如白居易離開京城的是非，遠去杭州一樣。因此我說這份回應稿根本就是李嘉誠給習近平的絕交書，清楚說明他要離開了，與北京恩斷義絕。

從辯駁的角度和內容來看，這份聲明稿寫得非常好，用詞準確，論點和意思清晰。李嘉誠心中存有怨恨，但沒有在行文中表露出來，仍然表現得非常客氣，等於戰國時燕國名將樂毅回信給燕惠王，說：「臣聞古之君子，交絕不出惡聲；忠臣之去也，不潔其名。」[42]如果這篇回應稿可以加添李嘉誠的個人風格，那麼便會更有文采，這是我唯一覺得美中不足的地方。

順帶一提，在香港富豪之中，唯一會用高薪聘請中文秘書的就是李嘉誠。幾

42 出自《戰國策・燕策二》。

年前，長實刊登廣告招聘中文主任，年薪開價逾百萬，成為一時熱話。其實我認識李嘉誠以前的其中一位中文秘書，一早已知這職位的年薪是這麼高。能夠成為李嘉誠的中文秘書，文學根底和文字功力都非常深厚，香港沒有多少人有資格勝任此職位。那位前中文秘書曾經寫了一本詩集，送了一本給我，實在寫得非常好。李嘉誠發出的邀請信和請柬等向來十分文雅，甚至用文言行書，便是因為他有中文秘書之故。當然李嘉誠小時候唸書，讀了很多古文，就算後來失學，仍每天讀書不懈，中文也有相當的造詣，絕對看得懂文言文。我不知道在香港富豪之中，李嘉誠是不是唯一一位會用文言行文的人。這篇回應稿是白話文，比較淺白，但我想李嘉誠也曾多次易稿，逐字推敲而成。

第十三章

李嘉誠的英雄淚

李嘉誠向習近平發出絕交書前，早已作好「揚鞭簇車馬，揮手辭親故」的準備。二零一五年一月，長和系宣布重組，長江實業（001）、和記黃埔（013）重組成兩家新上市公司，分別是長江和記實業有限公司（001，簡稱長和，接收長實、和黃所有非房地產業務）、長江實業地產有限公司（1113，簡稱長地，合併兩個集團的房地產業務），並遷冊海外，在開曼群島註冊。當然李嘉誠否認遷冊，只說因為做生意比較方便。

二零一七年七月十四日，長江實業地產有

2017年，李嘉誠宣布退休。

限公司改名為長江實業集團有限公司（簡稱長實），宣稱是為了反映公司的定位和業務發展策略出現變化。

李嘉誠不斷作好各種準備，不過，他在二零一七年三月二十二日的長和年度業績報告會上回答記者問題時，一度聲音沙啞，語帶哭音，說：「我愛香港，不想看見香港變成這樣……」然後要停下來，忍一忍，續道：「我們本來引以為傲的香港……今日我們（指香港）的 GDP 跌至 2% of China……」這時李嘉誠已忍不住眼泛淚光。在公眾面前如此感觸，是李嘉誠人生第一次。

我看了李嘉誠的業績報告會，也覺得十分唏噓。為甚麼李嘉誠會這麼傷心？可以分開三方面來說。

第一，歎世態之炎涼，今昔對比強烈。一九九七年回歸時，香港的 GDP 相當於大陸百分之十八，二十年過去後，竟然跌至只得百分之二，是何等大的差別！當日鄧小平這種泰山級的人物待李嘉誠為上客，兩度親自接見；江澤民以友輩交；但今天習近平眼中無李嘉誠。為甚麼會這樣？很簡單，大陸已變得富有，不要說國企資產以萬億計，單計個人來說也有很多富豪，甚至比李嘉誠更有錢，如馬雲、王健林、王衛[43]……李嘉誠已非那麼尊貴。新年時，李嘉誠甚至要紆尊降貴，與兩子同到中聯辦向時任主任張曉明「拜年」。昔日堂上貴客，今日尋常路人，滄海桑田，判若霄壤，令李嘉誠悲嘆。我在電影《歲月風雲之上海皇帝》中，寫作了

43 根據《二零一七胡潤全球富豪榜》，在中華區中，王健林家族、馬雲家族、王衛擁有的財產分別為二千零五十億、二千億、一千八百六十億，佔據榜單三甲。李嘉誠則以一千七百五十億排名第四（全部金額以人民幣計算）。

44 出自清末黃遵憲《贈梁任父母同年／題梁任父同年》。「杜鵑再拜憂天淚」，用了古代蜀國國王望帝的傳

說故事。相傳望帝傳位給叢帝，但叢帝不修政事，望帝想勸叢帝回頭，但被叢帝誤以為他回來奪取帝位，緊閉城門。望帝於是化成杜鵑，飛入城中，向叢帝苦苦哀叫，最後吐血而死。叢帝受到感動，從此愛民如子。黃遵憲寫作此句詩自比，表達自己願意像杜鵑一樣泣血哀求，呼喚國家的棟樑之材。

至於「精衛無窮填海心」一句，用了精衛鳥的傳說入詩。精衛本是炎帝的女兒，在東海淹死之後，化身為精衛鳥，不斷從西山銜來木石，誓把東海填平。後用精衛填海形容力量雖然微弱，鬥志卻極堅強。黃遵憲此句詩是指自己願像精衛鳥那樣，奮勇為國家貢獻微薄的力量。

一場戲：呂良偉飾演的陸月笙（影射杜月笙）當選上海議會議長，但被蔣介石強迫辭職，縱然陸月笙深深不忿，但只能強忍眼淚，宣布自己主動向參議院請辭。為何陸月笙無法如願做議長？因為之前上海有租界，國民黨需要陸月笙幫忙在租界控制各方，到二次大戰後期及結束後，列強先後放棄租界，上海已經歸國民黨直接統治，陸月笙的所有利用價值已完，無需再給他任何甜頭之餘，反而認為陸月笙的影響力對國民黨構成威脅，所以要趕走這個阻礙。

第二，憂香港之前景，恨忠言之不達。李嘉誠來港七十多年，建立一生所有，名揚天下，真心熱愛這片小小的南方水土，所以很想為香港做點事。當時香港經過了雨傘運動，以及梁振英的管治，已經變得十分撕裂。李嘉誠開業績報告會時，距離第五屆行政長官選舉只差數天（二零一七年三月二十六日舉行），明知要選出一個能夠團結香港的人去修復撕裂的局面，才能挽救香港，而這個人選就是當時民望高企的曾俊華，可是李嘉誠知道曾俊華沒可能當選，還要被建制派的人誣衊他將曾俊華當作傀儡，選了曾俊華，等於被他搶走香港的管治權，眾口鑠金，真是忠而被謗，有如屈原，百辭莫辯！如果自己堅決進諫支持曾俊華，真要自沉於維多利亞港，正如屈原自沉於汨羅江。「杜鵑再拜憂天淚，精衛無窮填海心」[44]，李嘉誠可以怎麼辦？唯有在業績報告會上表明心意，說：「民望固然重要，但跟中央合作得好亦很重要」，會選跟中央關係好，獲中央信任的人，寄望「女媧補天」。

第三，屈辱加身，悲憤難言。李澤楷要接受《信報》、《明報》和《文匯報》訪問，表明支持林鄭月娥當特首，強調香港的領導需要與中央有互信基礎。為何李澤楷要接受三份報章訪問？何以不可以沉默？很明顯北京向他施加壓力，要他表態，所以他被迫公開支持林鄭月娥。愛子沒有沉默的自由，委屈如斯，李嘉誠哪會好受？但又能向誰訴說？李嘉誠已經怕了北京，遠走異國，將歐洲——尤其是英國——作為重點投資對象，可是仍然無法抗拒屈辱加身，為甚麼？這有兩個原因：第一，李嘉誠旗下仍有不少中港兩地的生意和物業，如何能完全漠視旨意？第二，如果北京因為李嘉誠而向英國政府施壓，英國政府會為了他和北京抗衡嗎？在政治勢力面前，有錢人從來都不是甚麼。

當年李嘉誠已經八十九歲，老來遭受這種種，我非常同情。李嘉誠不想管政治，但他無法阻止政治去找他。「可惜流年，憂愁風雨，樹猶如此！倩何人喚取，紅巾翠袖，搵英雄淚！」[45] 李嘉誠無可奈何，最多只能找周凱旋（紅巾翠袖）這位紅顏知己抹抹眼淚吧。

45 出自辛棄疾《水龍吟．登建康賞心亭》。

第十四章

如何解讀李嘉誠的兩則廣告？

二零一九年，《逃犯條例》的修訂觸發香港發生多次大型示威和遊行。警察用催淚彈、胡椒噴霧，甚至實彈對付示威者，更曾發生七二一元朗站事件。八月十六日，李嘉誠在多份報章刊登兩則廣告，一則廣告是「正如我之前講過：『黃台之瓜，何堪再摘。』下款是「一個香港市民　李嘉誠」。

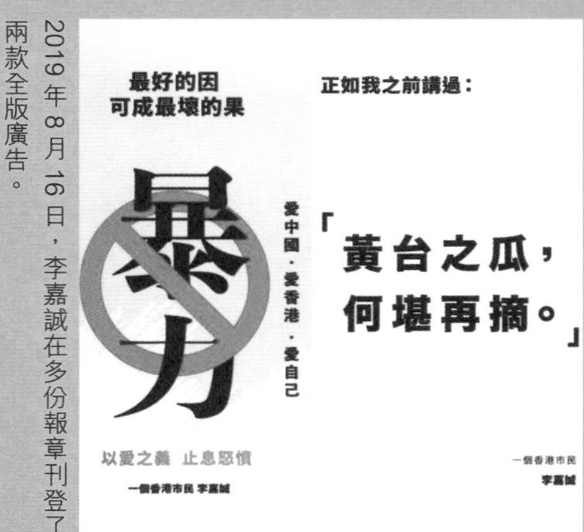

2019年8月16日，李嘉誠在多份報章刊登了兩款全版廣告。

另一則廣告的中間是向「暴力」說不的插圖，上面寫著「最好的因　可成最壞的果」，左右兩邊則寫「愛中國．愛香港．愛自己　愛自由．愛包容．愛法治」，下面寫「以愛之義　止息怒憤　一個香港市民　李嘉誠」。

李嘉誠穩坐香港首富寶座多年，樹大招風，早已被一些人抨擊他是香港的太上皇，陰謀控制香港。他備受猜疑，所以盡量避免就香港問題發聲。然而，二零一九年，香港的衝突實在太嚴重，我相信李嘉誠痛心，也擔心香港，因此他刊登了這兩則廣告，內容確實滿含他的誠意。

李嘉誠這兩則廣告是甚麼意思呢？首先看看「黃台之瓜，何堪再摘」這個典故。唐朝武則天有四個兒子，長子李弘，次子李賢。李弘四歲便成為太子，自幼讀儒家經典，宅心仁厚，很受父皇高宗喜愛。有一次，李弘生病了，在宮中休息了幾天，覺得沉悶，便隨意到處逛，無意中發現義陽公主與宣城公主被幽禁宮中，年過二十仍未出嫁，在當時來説已經是「剩女」，覺得她們十分可憐，便請求高宗將兩位公主嫁出去，獲高宗准許。其實這兩位公主都是蕭淑妃的女兒，即是李弘同父異母的姊姊，而蕭淑妃與武則天不和，被廢黜殺害，因此兩位公主才會在宮中鬱鬱過日子，無人理會，變成「剩女」。武則天聽到李弘為仇人之女求情，生氣得不得了，記著此事。後來李弘在二十三歲時猝死，引發不少猜測，其中一種説法是他被武則天毒殺，因武則天認為這位大兒子已成為她奪權的障礙。

李弘死後，李賢成為太子。武則天為了權力，不斷向李賢施壓，例如手抄《孝子傳》給李賢，提醒他怎麼做一個孝順父母的兒子，潛台詞自然是叫他不要違逆她這位母后的意思。李賢隔三差五便收到武則天手抄的東西，非常不安，試想想如果你不斷收到老母教你如何做孝子的電話訊息，你不將老母設為「靜音」才怪。更慘的是當時李賢聽到下人悄悄說是非——通常是非都會被別人聽到，是否悄悄說沒關係，不想人聽到唯有不要說，指李賢不是武則天親生的，而是武則天姊姊所生，更令李賢驚慄。最糟糕的是這位不知是不是親生的母親手握大權，李賢根本無法反抗，唯有一直忍。不過李賢想忍，武則天不讓他忍，找理由將他貶為庶人[46]，這樣便確保李賢永遠無法親政，自己能夠獨攬大權。須知武則天和李賢就像慈禧與光緒，而武則天的權力欲比慈禧更大，炮製二兒子是意料中事。李賢被廢前，已知自己危如累卵，所以寫了著名的《黃台瓜辭》：「種瓜黃台下，瓜熟子離離。一摘使瓜好，再摘使瓜稀。三摘猶自可，摘絕抱蔓歸。」譯成白話便是：「黃台下種著瓜，到了瓜成熟的季節，瓜蔓上長了很多瓜。摘去一個瓜可使其他瓜生長得更好，再摘一個，瓜看著便少了。要是摘了三個，可能還會有瓜，但是把所有的瓜都摘掉，只剩下瓜蔓了。」李賢這首詩自然是借瓜喻人，四個瓜便是他們四兄弟，兄長李弘已經一命嗚呼，其他三人再這樣被迫死的話，那麼武則天便無後了；希望武則天能夠手下留情，不要再對兒子們趕盡殺絕。以骨肉相殘的詩作來說，《黃台瓜辭》寫得非常好，僅次於曹植的《七步詩》。不過武則天心狠手辣，最終還是迫死李賢。

李嘉誠在報章廣告中運用這典故的真正用意是甚麼？其實他給了提示，便是

46 武則天信賴術士明崇儼，後來明崇儼被強盜殺死，武則天懷疑是李賢所謀，派人搜查，在李賢的馬房內找到幾百件鎧甲，以此證明他與強盜是一夥，將他廢為庶人。

「正如我之前講過」這一句。如果不回顧李嘉誠「之前」引用這典故的情況和語境，便去推論報章廣告的意思，那麼只能截取片面意義，自己喜歡怎麼解釋就怎麼解釋，便會很粗疏了。讓我現在回顧「之前」是怎樣。二零一六年，梁振英做香港特首。李嘉誠出席長和業績會時，被記者問他對梁振英表現的看法，說：「希望香港人無論政治看法怎樣，大家都要為整個香港的利益去著想，不要傷害香港……『黃台之瓜，何堪再摘』，希望大家……做一些對香港有益、有利的事。」「他（指梁振英）都 try hard，盡力了……總言之大家不同派別、不同政見也沒關係，但對香港有傷害的事不要再增加。」那次是李嘉誠第一次用「黃台之瓜，何堪再摘」此典。梁振英任內支持度屢創新低，民主派固然討厭他，建制派也對他沒好感，真是能人所不能。二零一四年發生雨傘運動，二零一六年農曆新年爆發旺角衝突，李嘉誠對梁振英的表現當然談不上滿意，不過他又不方便直接批評，始終他是首富，如果公開表示不滿，一來有失身分，二來肯定被人大做文章，扣上各種莫須有的帽子，到時真是如何 try hard 都解釋不來，所以他答得這麼婉轉。李嘉誠同時寄語大家不要做摘瓜者，傷害香港，不然香港前途堪虞。他勸的是雙方，包括香港當權者及示威者。結果怎樣？由二零一六年至二零一九年，香港撕裂得越來越厲害，李嘉誠便登報章廣告，再次引用「黃台之瓜，何堪再摘」。我看過一個解釋，說武則天迫死自己的親兒子，等於北京想迫死香港，即是李嘉誠勸北京收手。我認為不可以這樣解讀，因為這即是將香港比喻為李賢，那麼李弘是誰？實在說不通。

那麼到底如何才能正確解讀李嘉誠的廣告呢？其實要結合他另一個廣告一起看。報章全版正中一個大大的禁止暴力符號，很明顯又是向香港當權者（林鄭月娥）和示威者雙方喊話。試想想李嘉誠的廣告給誰看？是給香港人看的，不是給北京看的。李嘉誠聰明絕頂，當然知道要勸北京的話，最多只能暗中進行，但他明知無人能勸服習近平，自己又是一介商人，在習近平眼中甚麼都不是，何必浪費氣力？

「最好的因　可成最壞的果」，同樣是對兩邊的喊話。當權者愛中國，但如果打著愛國主義的名號去收拾香港的局面，那便成了最壞之果，原因是這樣做的話，會令香港的獨特地位受挫，等於同時損害中國的利益；示威者愛自由，可是為了爭取自由這動機去使用暴力，必然遭到對方嚴厲對付，甚至鎮壓，同樣迎來最壞之果。因此，李嘉誠呼籲雙方冷靜下來。

「以愛之義　止息怒憤」，意思清楚明白不過了，即是李嘉誠明白雙方都非常憤怒，當權者認為示威者收受美國或台灣利益，遵從他們的指示在港製造亂象，簡直是漢奸！示威者則認為當權者暴力鎮壓和平示威，是獨裁者的走狗！那麼雙方是不是可以用愛香港的出發點去平息怒氣呢？因為雙方立場雖然不同，但有一點是一樣的，便是愛香港，既然這樣，不如用愛香港的心去互相包容，不要用憤怒的態度去對待彼此吧。

因此「黃台之瓜，何堪再摘」其實是李嘉誠再一次向當權者和示威者雙方的喊話，希望雙方都不要摘瓜，否則香港只剩下瓜蔓時，就真的甚麼都沒有了。

我覺得李嘉誠這兩則廣告內容非常好，意在言內，也在言外。另外，我很喜歡他用「一個香港市民　李嘉誠」作為署名，態度這麼謙卑。

另一邊廂，李澤楷同日亦在多份報章刊登全版廣告，寫著「反對暴力行為　維護社會秩序　恢復理性討論」。李澤楷的廣告同樣要求雙方用理性的態度相處，討論大家都接受的方案，不過，為甚麼兩父子要各自刊登廣告呢？即是大家的想法有些不同，對廣告的內容有些地方同意，有些地方不太同意，所以各自表述。

為甚麼李嘉誠要以一個市民身分刊登廣告呢？李嘉誠透過發言人表示，「主要因為他（指李嘉誠）認為，香港長期繁榮穩定繫於『一國兩制』行穩致遠。今日香港，要停止暴力，堅守法治。時間的長河看不到盡頭，人生的路走不回頭。」李嘉誠就是要大家放長雙眼看未來，謹慎一點，不要做令自己後悔的事。發言人又説，李嘉誠的心聲是「愛中國、愛香港、愛自己；大家一定要以愛之義，止息怒憤，對『一國兩制』，以謙和而珍之。」李嘉誠強調自己「愛中國」，置之在「愛香港」之前，當然是向北京剖白自己的心聲，表示自己全無異心。同時，李嘉誠又很巧妙地在「愛香港」之後加上「愛自己」，其實就是強調愛個人所享有的一切，包括自由。如果大家想繼續維持原有的一切，「一定要以愛之義，止息怒憤」，珍惜一國兩制，不然在一國一制之下，原本所享有的一切都會化為烏有。

李嘉誠亦透過發言人回應傳媒的其它查詢，其中回答對政府的看法時，李嘉誠指「現時年輕人給政府的聲音和訊息震耳欲聾，相信政府已絞盡腦汁。」所謂天聽若雷，神目如電，即是上天的聽覺像雷響那樣，就算蚊鳴也聽得清清楚楚；神的眼睛如閃電一般，縱使是塵埃也看得鉅細無遺。年輕人的呼聲「震耳欲聾」，當時李嘉誠「相信」政府會「絞盡腦汁」去想辦法回應。可是，如果政府連這樣天經地義的事都不去做，到底有多不負責任？

李嘉誠亦回應對年輕人有甚麼看法，便是「投放資源在青年工作，永不後悔，因為投資青年，就是投資未來。不要讓今天的激情，成為明天的遺憾。」李嘉誠的確對青年很好，在教育方面捐了很多錢，但他也苦心婆心提醒青年不要因為激情而行差踏錯。

其實我也屢次說做人一定要智深而勇沉。怎樣才稱得上智深而勇沉？《道德經》說：「知人者智，自知者明。勝人者有力，自勝者強。」47 意思即是能夠知道別人的話是小聰明，能夠知道自己的才是大智慧；能夠勝過別人，是因為有力量，能夠勝過自己才是真正的強大。須知道自己觀察自己，很容易有盲點；自己克服自己，往往有藉口。如果能夠做到，便是真正的透徹和堅強，謂之智深而勇沉。《道德經》這十七個字對我有很深遠的影響。我跟別人聊天時，也常常引用這十七個字去勸別人，同時提醒自己。

47 見老子《道德經》。

第十五章

李嘉誠的戰略性投資轉移和走資術

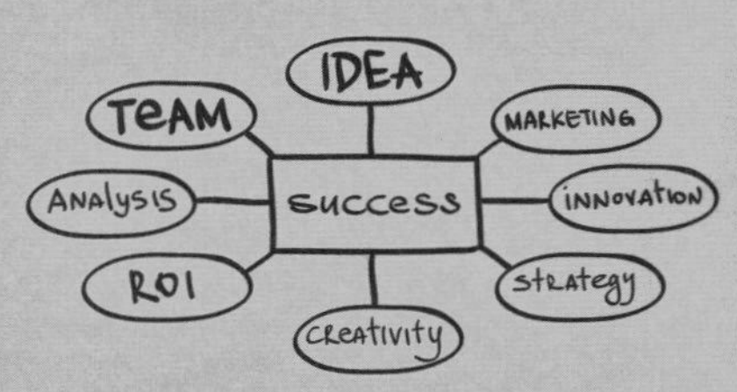

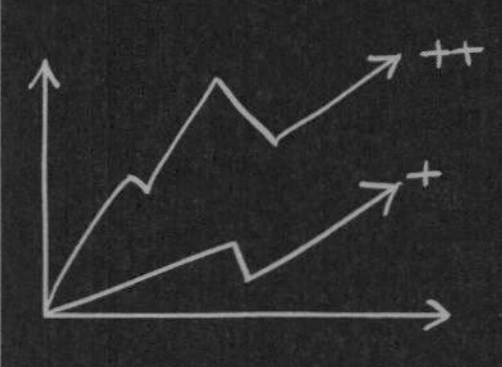

一、李嘉誠走資五招

要成為一個商界梟雄還不算太難，但要成為梟雄之首，必需有與別不同之處。為甚麼我認為李嘉誠是香港商界梟雄的第一名？不是因為多年來他擁有香港首富的光環，而是他除了是經商天才，還敢於為生意作戰略性轉移。

何謂生意上的戰略性轉移？即是改變投資重心，可能是業務，也可能是地區，甚至兩者兼備。戰略性轉移非常危險，可能會招致重大損失，甚至滿盤皆輸。如果家大業大，一來很難下定決心去實行戰略性轉移，二來從技術角度來説，執行十分艱難，絕非普通人可辦。香港曾經出現一個很成功的戰略轉移個案，主角是邵逸夫。邵逸夫在二十年代便投身電影行業，一九五八年成立邵氏兄弟（香港）有限公司，拍攝電影。一九六五年，邵逸夫與利孝和等人投得香港的免費電視牌照，成立無綫電視。從八十年代開始，邵逸夫基本上放棄拍攝電影，將業務重心轉移到無綫電視上。邵逸夫的戰略轉移極成功，成為一代電視大亨。二零一零年，邵逸夫仍在生，方逸華將仍處於高峰的無綫電視賣給陳國強，又一次金蟬脱殼，真的非常了不起。當然如果論戰略性轉移的規模，邵逸夫的比較小，李嘉誠的則非常大。李嘉誠在一生之中，不但有膽去實施戰略性轉移，而且還做了幾次！第一次是由經營塑膠廠轉型做房地產；第二次是收購和記黃埔後，由主力做地產轉為發展多元化業務，包括貨櫃運輸、船塢和零售等，然後再進軍其他生意範疇，例如電燈、能源和電訊；最後一次自然便是超級觸動北京神經的走資——賣掉絕大部分中港資產，轉移到歐洲。我暫時見過最重大的戰略性轉移便出自李嘉誠之手。

關於李嘉誠要走資的原因，我在第十二章〈李嘉誠給習近平的絕交書〉已說得很清楚了。二零一二年十一月，習近平成為「今上」，之後李嘉誠數度賣掉內地的項目，包括廣州西城都薈、上海東方匯經中心等，又沒有在國內買新土地，因此國內傳媒開始大肆報道李嘉誠走資。當然李嘉誠堅決否認，在二零一三年十一月接受廣東《南方周末》專訪時說：「用出售物業和資產作為『撤資』的例子，是可笑的」。其實李嘉誠是一艘大輪船，要轉彎並不容易，既要一邊轉彎，又要一邊裝作沒轉彎，難度更高，不過李嘉誠終究成功轉彎，將資產大規模轉移到歐洲去。

李嘉誠如何行使資產大挪移？這包括五招，分別是：

第一，遷冊。李嘉誠在二零一三年十一月接受廣東《南方都市報》專訪時，表明「一定不會『遷冊』，長和系永遠不會離開香港」，不過，二零一五年一月，李嘉誠便將長和系重組而成的長和、長地（後來變成長實）這兩間公司遷冊到英屬開曼群島去了（可參閱第十三章〈李嘉誠的英雄淚〉）！雖然兩間公司仍然在香港上市，受香港《證券及期貨條例》監管，但變成離岸公司，即是由海外公司持有香港資產。何況，如果真的發生牽涉法律的問題，最終審核權可能由英國最高法院擁有，而非香港終審法院。

第二，李嘉誠將物業注入房地產投資信託（REITs），包括置富產業信託、泓富產業信託、匯賢產業信託等，由亞騰資產管理公司（ARA Asset Management Limited，簡稱 ARA）管理。ARA 在二零零二年由李嘉誠和新加坡企業家林惠璋創立，李嘉誠佔百分之三十，林惠璋佔百分之七十。不過，二零一三年，李嘉誠及林惠璋將百分之二十點一的 ARA 股權售予新加坡財團 Strait Trading Company（STC），自此 STC 成為 ARA 的最大股東，李嘉誠在 ARA 中的股權只餘不足百分之八。因此，李嘉誠等於將 ARA 旗下的房地產資金大量調走了。

第三，分拆業務，然後在大陸及香港以外的地方上市，例如二零一一年時，李嘉誠將深圳鹽田港、香港國際貨櫃碼頭、內河港資產（包括江門碼頭、南海碼頭、珠海九洲碼頭各百分之五十的股權）等業務分拆為和記港口信託，在新加坡上市，變相將業務和資金調離大陸及香港，更因上市集資套現約四百二十九億。

第四，同樣分拆業務，但在香港上市吸納資金，然後再利用這些資金到海外投資。二零一四年，李嘉誠將香港電燈從電能實業分拆出來，獨立上市，套現超過二百四十一億。當年電能小股東對分拆上市一事十分不滿，認為當初購買電能股票，便是想享有穩定的股息收入，怎麼突然將港燈分拆出去，違反他們成為股東的初衷？何況要他們另外花錢認購港燈新股，即是變相要他們供股？但當時霍建寧明言就算分拆港燈上市，電能仍繼續持有百分之三十至五十的港燈股份，股東不一定要認購港燈新股，同時分拆後套現的資金是用來進行海外併購。好聽點是拓展海外業務，直接點則是走資了！

第五，售賣資產，看一看李嘉誠在中港兩地一些重要的銷售記錄吧：

年份	出售的香港資產	價錢（港元）
2011	匯賢產業信託 40% 權益	約 $123 億
2013	嘉湖銀座商場	約 $58.5 億
2014	亞洲貨櫃碼頭 60% 權益	約 $24.72 億
	屈臣氏 24.95% 權益	約 $440 億
	和記港隆 71.26% 權益	約 $38.23 億
2015	盈暉薈	約 $6.48 億
	港燈 19.9% 權益	約 $92.5 億
2017	和記電訊全部權益	約 $145 億
	山頂道 86 至 88 號及 90 號兩屋地	約 $20 億
	中環中心 75% 權益	約 $402 億
	和富薈	約 $20 億
		共約 $1,370.43 億

年份	出售的內地資產	價錢（人民幣）
2008	上海世紀商貿廣場	約 $44.4 億
2013	廣州西城都薈	約 $25.78 億
	上海東方匯經中心	約 $71 億
2014	上海盛邦國際大廈	約 $15.4 億
2016	上海世紀匯廣場 50% 權益	約 $200 億
2018	北京京通羅斯福廣場	約 $25.6 億
	汕頭國際集裝箱碼頭 70% 權益	不詳
2019	大連西崗項目	約 $40 億
2020	成都南城都匯項目	約 $71 億
		共約最少 $493.18 億

從以上兩表可見，由二零零八年開始，李嘉誠在中港兩地賣掉的資產接近一千九百三十億港元（有些人會將二零一四年出售的北京盈科中心一併計算在內，成交價約港幣七十二億，但那屬於李澤楷旗下的盈大地產，就不在表中列出來了）。不過其實真正的數目不止此數，皆因起碼還有中港兩地住宅的銷售額未計算在內。其實過往李嘉誠慣用的一招是在國內買了土地，但開發周期比蝸牛爬還慢，目的是讓土地價錢上升，讓資產自動增值，例如二零二零年賣出的南城都匯項目，前後拖了足足十六年，仍有工程未完成；去火星一次也只是需要七個月而已。因此，李嘉誠在內地多次被質疑囤地，當然他否認。然而，由二零一二年開始，李嘉誠亦加快了內地住宅的興建和銷售速度，舉例，他早在二零零六年已購入上海普陀區的高·尚領域地皮，二零零九年開

始動工興建，二零一三年和二零一九年分別開售行政公館和住宅項目。事實上，由二零一五至二零一九年，李嘉誠在大陸的土地儲備已減少了約五百一十七萬平方米。

因此，坊間有些統計説李嘉誠在中港兩地撤掉的資金約二千億港元，我認為是不準確的；全部數字加起來的話，我相信大約是三千億至四千億港元。

李嘉誠這頭吸水大象將錢用到哪兒去呢？當然是一路向西，大舉進軍歐洲去了，尤以英國為最。其實早在八十年代中後期，李嘉誠為了分散風險，已投資加拿大，除了前文提及的赫斯基能源之外，還與鄭裕彤、李兆基合組財團，成功競投溫哥華博覽會地皮和發展權。可是，部分加拿大人對外資到來操縱零售、商業和住宅的發展機會表示強烈不滿。李嘉誠覺得在加拿大投資不是那麼順利，加上在其他地方找到良好的商業機會，所以並沒有將加拿大視為西方投資第一選擇。他放眼英國，在英國擴充業務，例如早在九十年代，他已購買了 Felixstowe、Harwich 和 London Thamesport 這些港口；二零零零至二零零五年收購連鎖商店 Savers Health and Beauty、Superdrug、The Perfume Shop，這三間公司分別擁有逾四百間、逾八百間及二百五十五間分店；少不得的當然還有發展 3G 業務，我在第九章〈李嘉誠的眼光與運氣〉已詳細解説了。到李嘉誠東水西調時，便是大舉投資英國的基建了，英國《每日郵報》（Daily Mail）甚至戲稱李嘉誠「幾乎買下整個英國」。到底李嘉誠在二零一零至二零一五年於英國買了甚麼？看看下表一些重要的收購吧：

範疇	年份	收購的英國資產	價錢
電力	2010	Seabank Power Limited（發電公司）25% 權益	約 $2.12 億英磅
		EDF Energy plc（現為 UK Power Networks）	約 $90.3 億美元
水務	2011	Northumbrian Water Group（自來水公司）	約 $24 億英磅
燃氣	2012	Wales and West Utilities Limited（WWU，配氣公司）	約 $6.45 億英磅
航空	2012	Manchester Airport Group 50% 權益	不詳
電訊	2015	O2 UK	約 $102.5 億英磅
鐵路	2015	Eversholt Rail Group	約 $10.27 億英磅
			共約最少 $145.34 億英磅及 $90.3 億美元

其次，李嘉誠亦有在英國投資老本行地產，包括二零二零年獲英國首相約翰遜（Boris Johnson）「開綠燈」通過的超級房地產項目 Convoys Wharf，地盤面積約一百七十四萬平方呎，等於九個維多利亞公園，預計投資額高達十億英磅，將會建成三千五百個住宅單位，另外亦有酒店、餐廳、商場、辦公室及碼頭等配套，共計約二十七幢建築物。還有，李嘉誠亦投資酒業，在二零一九年以四十六億英磅收購英國最大酒吧和啤酒公司 Greene King。

李嘉誠在英國的投資涉及不同的範疇，根本就與人每天的生活息息相關。WWU 覆蓋英國近六分之一的領土，Northumbrian 佔英國約百分之五的供水市場，UK Power Networks 佔英國約四分之一的電力分銷市場。總之你住在英國的話，只要你用電、喝水、洗澡、乘搭鐵路，都可能是在向李嘉誠付款！難怪《每日郵報》說他「幾乎買下整個英國」。

此外，李嘉誠也有投資歐洲其他國家，例如二零一二年，收購以色列水務和潔淨能源種子基金投資公司 Kinrot，金額不詳；二零一五年，以約十二點

李嘉誠投資達十億英磅的超級房地產項目，在 2020 年獲英國首相約翰遜「開綠燈」。圖為 Convoy Wharf 地皮未發展前原貌。

五億港元收購葡萄牙風電公司 Iberwind Group；二零一七年，以約四十五億歐元收購德國能源管理綜合服務供應商 ista Luxemburrg GmbH 等。

單單估計李嘉誠前前後後在英國的投資，應該大約高達三千多億港元，再加上他在歐洲的其他投資，金額更大。

李嘉誠就這樣實行資產大挪移，脫亞入歐，絕對是近數十年來最成功的資產轉移計劃。說李嘉誠是中共眼皮底下最成功的走資商人，相信沒有多少人反對。

二、我對李嘉誠的評價

我對李嘉誠東水西調這個戰略性投資轉移大計有甚麼看法呢？其實幾年前我在網上節目中已說過了，但有些人總是漠視不聽，只選擇自己喜歡聽的話來聽，那麼讓我在此書寫得清清楚楚吧。首先，我絕對贊成李嘉誠出售大陸的資產。如果他不是在十多年前便開始行動，到了今天就跑不掉了，只能像其他富豪一樣被人在脖子上架刀。第二，李嘉誠賣掉香港的資產，同樣也是正確的。事實上自從九七回歸之後，紅色資本便逐步入侵，時至今天已雄踞全港。在北京的眼中，香港地產商將樓價推至高處未算高，令平民怨聲載道，是造成香港亂局的原因之一，因此北京認為應該整頓這些地產商，教訓教訓他們。李嘉誠作為香港地產的龍頭，更是重點打擊的對象。

不過，李嘉誠已成功從中共眼皮底下逃脱了，成為歷史傳奇。根據二零一九年長和（001）年報，長和集團資產總額超過一萬一千三百六十億，其中歐洲有接近六千億，佔超過一半，香港及內地分別都是六百多億，只佔超過百分之五而已。至於根據二零一九年長實（1113）年報，長實集團的固定資產（不計飛機在內，因飛機是租予航空公司的可移動資產，無法根據地區作計算）超過七百六十億，其中英國逾五百八十億，佔超過百分之七十六，香港則有超過一百七十億，佔超過百分之二十而已。因此，李嘉誠可以每天安心早起晨運，動動手，操操腳，不用被北京牽著線走。他不會主動得罪北京；要他支持政府，例如成為香港再出發大聯盟的發起人，他便做了，反正做了又不會少一塊肉，總之他逃脱了。

我常常説一個笑話：富豪們賽跑，每次都是李嘉誠跑第一。馬化騰和馬雲覺得豈有此理，明明李嘉誠已經九十二歲了，自己二人都是四十多及五十多歲而已，怎麼比不過他？李嘉誠説，沒人叫他們聽到槍聲才開始跑啊，他在開賽前兩小時已經起步了！要在北京眼皮底下賣生意，就要像李嘉誠般，一早醒覺，開始不動聲色地賣賣賣，到開始被北京留意了，也要竭力否認，但仍繼續賣！若果等槍聲響起才開始撒腿狂跑，已經太遲了！便會被抓到了！馬雲辭任阿里巴巴董事長，馬化騰卸任騰訊徵信法定代表人和執行董事，以及財付通董事長，背後當然有原因；而李嘉誠早就跑了，所以他是自由的。

李嘉誠身家總共有多少呢？基本上他將財產分成三份，一份是長和系帝國，給李澤鉅；一份是私人財產，用來支持李澤楷做生意及投資（二零一八年，李嘉誠曾透露李澤楷在美國成立了一個基金，規模高達九百二十億美元）；一份則是李嘉誠基金會，用來做善事。李嘉誠從來不會公布基金會有多少財富，所以除了他自己之外，無人知道他的真正身家。《福布斯》二零二零年富豪榜説李嘉誠的身家是二百九十四億美元，這絕對是低估了。我想他最少有七百億至八百億美元，即是大約四千億至五千億港元。

不過，我認為李嘉誠犯了兩個重大錯誤。第一，他過度集中投資英國。英國一直使用英鎊作為貨幣，就算在歐盟期間亦然。二零零零至二零零三年，英鎊兑港元的匯率大約是十一至十三算多；最不妙的是在二零零四至二零零八年，英鎊匯價高昂，大約是十四至十六算；然後由二零零九至二零一五年，兑換價跌回十一至十三算，這三段時期正是李嘉誠大舉投資英國的時候。由二零一六年開始，英鎊開始下跌，步入十算和九算時代。今天英鎊對港元的匯率大約是九算多，假設李嘉誠投資時的平均兑換率為十二算至十三算，現時已貶值了約百分之二十至三十。以李嘉誠在英國的總投資額為三千多億計算，已不見了約六百億至九百億。李嘉誠在英國做的是民生生意，利潤有限，如何能填補英鎊貶值帶來的損失呢？當然我不知道他有沒有做對沖，有的話又是如何做。

英鎊貶值還帶來另一個更嚴重的問題。想想李嘉誠投資英國，當然不會全是自己掏腰包付錢，而是會借錢；通常自己付投資金額百分之二十至三十，其餘百分之七十至八十是借回來的，那麼李嘉誠是用甚麼貨幣去借錢呢？如果舉的是英鎊債，用英鎊還英鎊，那沒問題；但如果用美元借英鎊，欠下的是美元債，那便糟糕了，變相要用更多英鎊去償還美元。李嘉誠沒想到英國會脱歐，英鎊的匯率更加不明朗，可能大幅貶值。根據長和二零一五年的年報，銀行及其他債務本金總額大約為二千八百七十六億港元，其中英鎊佔百分之二十五，即大約七百億；而速動資產大約為一千三百一十四億，其中英鎊佔百分之十一，即大約一百四十五億。再根據二零一九年的長和年報，銀行及其他債務本金總額大約為三千四百億港元，其中英鎊佔百分之五，即大約一百七十億；而速動資產大約為一千四百四十八億，英鎊佔百分之五，即大約七十二億。由此可見，長和在英鎊的負債比率和速動資產比率在四年間都下降了，相信李嘉誠也是因為看見英鎊貶值，所以有此安排。此外，幸好他在香港和內地銷售資產套現了很多錢，現金流亦強，不然便很危險；可是他的財富增值也因此受影響。

第二，單純以做生意的角度來說，李嘉誠不應該大舉投資基建。基建是保守的生意，誰可以憑投資基建發大財呢？嘉道理（Kadoorie）家族經營電力生意超過一百年，還有酒店等業務，身家也「只有」數百億，算是頗為有錢而已。事實上基建生意雖然能帶來現金流，而且安全，但利潤不高，大約只是幾個百分比，因為是牽涉民生的生意，文明的政府不會容許暴利出現。我認為李嘉誠應該像巴菲特和淡馬錫般去進行金融投資，因為以他江湖地位之高，以及財力之雄厚，任何國家的企業都會歡迎他入股，也必然有很多投資機會主動找他。他除了成立維港投資進行前衛的科技投資外，也應該成立金融投資公司，買進世界各地質素優良的股票，然後長期持有。他有眼光，也有強大的人際關係脈絡，這樣做的話，既能輕鬆賺很多錢，也不用受氣嘛。看看李嘉誠擁有 Zoom 百分之八點六的股權，以二零二零年九月股價高見四百多美元計算，單是 Zoom 的帳面價值已達一百一十億美元。另外，他總共用了約三十五億港元購買 Facebook 的股權，現在不知賣了沒有。無論他是否仍持有 Facebook，單計 Zoom 的帳面價值，已佔了他身家的三分之一。近十多年來，高科技投資才能快速而有效地助投資者賺進大把大把鈔票。如果李嘉誠不是用這麼多錢去投資英國基建，而是購買蘋果公司和 Tesla 的股份，賺到的錢真是多得不得了。

無論如何，總體來說，我認為李嘉誠真是一個生意天才中的天才，一生人中的幾次大買大賣都十分準確，當然亦要運氣輔助，我已說過「衛青不敗猶天幸」。不過以全球企業家來說，我覺得李嘉誠屬於一流末，二流頭。在我心目中，一流頭的企業家是喬布斯（Steve Jobs）和馬斯克（Elon Musk），擁有超前的視野，是憑能力改造時勢的超級英雄。喬布斯發明 ipod、iphone、ipad 等，改變了世界秩序；尤其 iphone 將手提電話變成超級迷你電腦，將整個世界塑造成一個移動連接空間，為人類帶來翻天覆地的改變。馬斯克創立 Tesla，花了不到十年時間便將她發展成全球市值第一的汽車製造商，超越本來已經偉大到令人不知怎樣形容的豐田；他又創立私人火箭發射公司 SpaceX，發明的「獵鷹」火箭可以回收重用十至二十年，經翻新後更可能可以重用一百次，大大降低火箭發射的成本，除了令美國太空總署受惠，也為創業家開拓太空生意作出示範。他正研究將人送到火星旅行及生活，還有部署星鏈計劃，透過近地軌道的衛星群提供覆蓋全球網絡的服務。這兩個人是多麼厲害！李嘉誠所做的生意不像二人般改變世界，因此我認為李嘉誠不是全球一流頭的企業家。

此外，有一點很有趣的，是在現時全世界的財富中，其中三分之一是上一代賸下來，三分之二則是由這個世代創造出來。看看現時世上名列前茅的有錢人，比爾蓋茨（Bill Gates）在七十年代創辦微軟，貝索斯（Jeff Bezos）在一九九四年創辦亞馬遜（amazon），二人都是白手興家，分別在一九九五年和二零一九年首次成為全球首富，同樣大約只花了二十多年時間而已。李嘉誠累積了這麼多年財富也及不上他們，更不要説拿曾經顯赫一時的何東家族和永安家族跟他們比了。做生意有如逆水行舟，不進則退，一採取守勢，身家便會漸漸被其他人後來居上。李嘉誠的傳統生意都屬於守勢，而不是攻勢。

數年前，我曾在網上節目說李嘉誠家族在二十年內必定灰飛煙滅，即是甚麼意思呢？就是李家的影響力會灰飛煙滅。李嘉誠這麼富有，商業帝國如此龐大，手下又有這麼多能人，財富多得十輩子也不會花光，但有錢並不表示可以呼風喚雨。李嘉誠在很長的一段時間內權傾朝野，無論政商界都要看他的面子，但只有他才有這種能力，一旦他不在，李家的影響力也會漸漸煙消雲散。他的兩個兒子也不可能複製李嘉誠的地位和影響力。等於包玉剛過世後，吳光正一直十分富有，但他的地位和影響力完全無法跟包玉剛相提並論。在那個時代，香港的獨特地位造就了李嘉誠，但現在已經時移世易了，香港失去了獨特地位，不可能再出現李嘉誠這種具有傳奇地位及影響力的頂尖富豪了。大家姑且走著瞧，看看二十年後如何吧。

後記

我對上一次出的一本書，是二零一八年初的《蕭若元説明朝：朱元璋聖賢・豪傑・大賊》，那時出版的書已不少，本來打算休息一、兩年才再出書，來一個著作等身，讓自己開心一下，也希望自己的思維模式和論述能有更多機會傳播開來，沒想到籌備之際，香港政局風雲詭譎，加上私事煩擾，結果到了今年才準備就緒，完成此書。全書逾十萬字，夾敘夾議，是我的得意之作，也是我的著述中的重要一筆。

執筆寫此後記之際，看到李嘉誠的最新消息，真心覺得再次彰顯了李嘉誠與其他富豪的不同之處。李嘉誠基金會早年支持 Michael Houghton 教授團隊的研究工作，結果今年該團隊憑發現丙型肝炎病毒的貢獻奪得諾貝爾生理或醫學獎。由於諾貝爾限制獲獎者只得三人，Michael Houghton 團隊中有兩名默默耕耘的華裔病毒學家——朱桂霖教授和郭勁宏教授沒有被授予獎項。李嘉誠知道後，向這兩位華裔無名英雄贈予與 Michael Houghton 教授的諾貝爾獎金等值之三十八萬美元，以示支持，令 Michael Houghton 十分感動。在透過 Zoom 舉行的祝賀儀式上，李嘉誠讚揚説：「誰曾想到，一個走過貧病戰爭的人，能在研究道上參與和支持您們的努力，這是我一份光榮。大家對我的鼓勵，我將時刻不忘；

每天心上不斷轉動的問題，是如何支持男女科學家推進美好的工作，這是我基金會在萬變社會中不變的承諾，再次感謝大家！」

除了 Michael Houghton 教授團隊之外，美國生物化學家 Jennifer A. Doudna 在柏克萊加州大學的李嘉誠生物醫學和健康科學研究中心發展 CRISPR—Cas9 基因編輯技術，今年獲得諾貝爾化學獎。換言之，李嘉誠資助的學者之中，有兩隊人榮獲諾貝爾獎，當然非常光榮。此外，李嘉誠願意資助純科學研究，反映他的胸襟和眼界。要說香港哪位富豪能夠與他看齊的，我只想到已逝的邵逸夫。邵逸夫設立邵逸夫獎，表彰在學術或科學研究上有傑出貢獻或成就的人，得獎者可獲獎金一百二十萬美元。李嘉誠和邵逸夫這種支持改善人類福祉的精神，實在十分難得。

李嘉誠基金會在 Facebook 出帖子說 Michael Houghton 團隊一事，其中一個 hashtag（主題標籤）說：「# 今天的領導不可再以自我為中心」。為甚麼領導不可再以自我為中心？因為這是對創造美好未來的最大局限。之前周凱旋回答記者關於林鄭月娥班子是否要問責下台的問題時，引用了《聖經》所說「There is a time for everything（傳道書 3 章——「萬物有時」）」。如果將兩者配合來一起看，不禁令人深思微笑。

我也希望此書對讀者有或多或少的啟發，讓大家深思微笑。

蕭若元說──
讀懂李嘉誠一生

美術設計　Emily Yiu
出版　Hong Kong New Media Limited
地址　香港灣仔駱克道 3 號 12 樓
電話　（852） 28920567
傳真　（852） 28988553
印刷　新世紀印刷實業有限公司
地址　九龍土瓜灣木廠街 36 號聯明興工業大廈 3 字樓全層
電話　（852） 22646763
傳真　（852） 22645977

定價　港幣 125 元
2021 年 1 月第一版
ISBN　978-988-14177-3-2